光エネルギー科学

Light Energy Science

奥 健夫 著

三恵社

はじめに

「光あれ」旧約聖書の創世記の冒頭にこの言葉が出てくる。また最先端宇宙科学では、宇宙は137億年前のビッグバンから始まったことがわかってきている。光は我々が存在する宇宙の根源となる要素であり、我々が感じている「時間の流れ」は、光と物質の関係と、我々の脳が物質でできていることによるものであり、時間そのものは流れているわけではない。また遠く離れた量子間に存在するスピンのつながりを利用した量子テレポーテーションも、現代科学ではまだ解明されていない未知の原理に基づいている。光そのものは、科学的に完全に解明されているわけではなく、未知の部分が多々存在する。

一方、光は現代社会における日常生活にも欠かせない非常に重要なものである。光はエネルギーと同時に情報ももっており、その性質を利用した様々な最新電子機器、例えばスマートフォン、パソコン、DVD、衛星通信など、ほぼすべてに光が関与してくる。

現代社会では、膨大なエネルギーが消費され、最近では地球温暖化などの環境問題も生じている。本書では光エネルギー科学を中心に、光・物質・エネルギー・情報の相互関係を概観し、光エネルギー科学の基礎から応用までを理解していく。

様々な物質は電気伝導性の観点から見ると、導体、半導体、絶縁体に分類できる。現代科学技術を支える様々な材料は、これらの物質の様々な界面の組み合わせから成り、界面における光や電子の振る舞いが、材料の性能を大きく左右する。本書では特に、半導体に重点をおきながら、各種界面の原子レベルの構造と物性を理解し、光・エネルギー、情報、環境、情報分野の基礎となる材料の基礎について学んでいく。特に、光・エネルギー・物質・情報は、それぞれ相互関係をもちながら、それらをまとめて学ぶ機会はあまり多くはない。

2011年以来、エネルギー問題が非常に身近なものとなり、電力供給不足になる可能性が指摘され、企業や一般家庭でも節電が推奨され、我々の生活も大きく変わってきた。1960年には日本のエネルギー自給率は58%であったが、現在では4%近くまで大幅に低下している。逆に言えば、エネルギーの96%を海外に頼っているということである。具体的には、石油、石炭、液化天然ガス、ウランなど、ほぼすべてを海外から輸入している。4%のエネルギー自給率は、水力、地熱、太陽光、バイオマス等である。このことは、日本のエネルギー需要・供給バランスが非常に不安定な状態にあることを示している。

このエネルギー問題をいかに今後解決していくか。これからの10年の我々の大きな課題であろう。本書が少しでもその手助けになれば幸いである。

本書に紹介させていただいた内容の一部は、京都大学 村上正紀名誉教授、上久保雅規氏、脇本博樹氏、石川英憲氏、古米正樹氏、川上英治氏、二井一志氏、小出康夫助教授、大槻徹助教授、大阪大学産業科学研究所 成田一人博士、小井成弘氏、菅沼克昭教授、ベルギー・ゲント大学 Els Bruneel博士、Serge Hoste教授、滋賀県立大学 角田成明氏、元吉良輔氏、武田暁洋氏、永田昭彦氏、北尾匠矢氏、野間達也氏、木戸脇大希氏、藤本和也氏、熊和真氏、松本泰輔氏、図師將仁氏、鈴木康平氏、金山勝人氏、大石雄也氏、鈴木厚志助教、秋山毅准教授、菊地憲次教授、菊池潮美教授、バラチャンドラン・ジャヤデワン教授、ジョン・クア博士、徳満勝久教授、安田昌司教授、平松孝一氏、英国・ケンブリッジ大学キャベンディッシュ研究所 Brian D. Josephson教授、株式会社クリーンベンチャー21 金森洋一氏、室園幹夫社長、オリヱント化学工業株式会社 山﨑康寛博士、大阪ガス株式会社エネルギー技術研究所 山田昌宏氏、阪本浩規氏、大阪ガスケミカル株式会社フロンティアマテリアル研究所 髙野一史氏、中村美香氏、福西佐季子氏、南聡史氏、株式会社ナノ炭素研究所 大澤映二社長、茨城大学 奥達雄教授、川崎製鉄株式会社 中野正氏、太田与洋氏、京都工芸繊維大学 高廣克己教授、東北大学金属材料研究所 山口貞衛教授、他にも数多くの方々との共同研究であり（所属等は当時のものも含む）、さらに寺田美恵実習助手には多大なるご協力をいただいた。また本書では、巻末の参考文献やウェブサイトから多くの図表を改編し引用させていただいている。ここに深く感謝する次第である。

2016年3月　奥 健夫

NASA

目次

- はじめに ……………………………………………………… 1
- 目次 …………………………………………………………… 3

序章　基礎事項

- 国際単位系（SI単位系）………………………………… 10
- 物理定数 …………………………………………………… 11
- 周期律表と原子量 ………………………………………… 11
- 記号 ………………………………………………………… 12

第1章　エネルギー

- エネルギーとは …………………………………………… 14
- エネルギー資源 …………………………………………… 14
- エネルギー問題 …………………………………………… 15
- 再生可能エネルギー ……………………………………… 15
- 地球上のエネルギー平衡とエントロピー ……………… 16
- 光子と電子のエネルギー循環 …………………………… 18
- 生命と文明の恒常性 ……………………………………… 19
- 地球温暖化 ………………………………………………… 21

第2章　エネルギーと物質

- 原子 ………………………………………………………… 24
- クォークとレプトン ……………………………………… 24
- フェルミ粒子とボース粒子 ……………………………… 25
- 重要な物理定数 …………………………………………… 26
- 宇宙の4つの力 …………………………………………… 27
- 光子 ………………………………………………………… 29
- 光の物質化 ………………………………………………… 30
- 不確定性原理と真空の物質化 …………………………… 32
- 物質と反物質 ……………………………………………… 33
- 光の凍結 …………………………………………………… 34
- 超弦理論 …………………………………………………… 35
- 宇宙の生成 ………………………………………………… 36

- 宇宙初期の元素生成 ………………………………… 38
- 全宇宙エネルギー …………………………………… 40
- アインシュタイン方程式 …………………………… 41

第3章　量子論

- 量子の世界 …………………………………………… 44
- 波動関数とトンネル効果 …………………………… 45
- 量子状態と観測問題 ………………………………… 46
- 非局在性と時空間 …………………………………… 48
- 量子テレポーテーションの原理 …………………… 49
- 量子テレポーテーションの実験 …………………… 50
- 人間の量子テレポーテーション …………………… 51
- ボース・アインシュタイン凝縮体 ………………… 52
- ホログラフィック原理 ……………………………… 54

第4章　太陽エネルギー

- 国際宇宙ステーション ……………………………… 58
- 砂漠で太陽光発電 …………………………………… 58
- 太陽エネルギー計画 ………………………………… 59
- 再生可能エネルギー普及予測 ……………………… 60
- 地球環境にやさしいエネルギー …………………… 61
- 太陽光と地球 ………………………………………… 62
- 太陽光発電システムの展開 ………………………… 63
- エネルギーペイバックタイム ……………………… 64
- スマートグリッド …………………………………… 65
- メガソーラー ………………………………………… 66

第5章　太陽電池基礎

- 発光と光吸収 ………………………………………… 70
- 太陽電池の基本構造 ………………………………… 71
- pn 接合 ……………………………………………… 72
- 光起電力効果 ………………………………………… 73
- Si 太陽電池の pn 接合 ……………………………… 74
- 太陽電池変換効率 …………………………………… 77
- 太陽電池等価回路と抵抗 …………………………… 79

- Si 太陽電池の理論変換効率 ……………………………… 81
- 直列抵抗と並列抵抗の原因 ……………………………… 83
- 量子効率 …………………………………………………… 83
- 変換効率の低下要因 ……………………………………… 84
- バンドギャップと太陽電池特性 ………………………… 85
- 太陽電池特性評価 ………………………………………… 86
- 高効率化の必要条件 ……………………………………… 86
- 太陽電池変換効率計算 …………………………………… 88

第6章　太陽電池応用

- 多接合太陽電池 …………………………………………… 90
- アモルファス Si 太陽電池 ……………………………… 91
- HIT 太陽電池 ……………………………………………… 92
- CdTe 太陽電池 …………………………………………… 93
- CIGS 系太陽電池 ………………………………………… 93
- 裏面接合型太陽電池 ……………………………………… 94
- 高効率化デバイス技術 …………………………………… 95
- 集光型太陽電池 …………………………………………… 95
- 光熱ハイブリッド型太陽電池 …………………………… 96
- 球状 Si の作製と比較 …………………………………… 96
- 球状 Si 太陽電池 ………………………………………… 98
- SiC 系インバーター ……………………………………… 99

第7章　次世代太陽電池

- 各種太陽電池の特徴 ……………………………………… 102
- 発電コスト ………………………………………………… 102
- 第三世代太陽電池 ………………………………………… 103
- 新規太陽電池 ……………………………………………… 103
- 量子ドットタンデム型太陽電池 ………………………… 104
- 中間バンド型太陽電池 …………………………………… 105
- マルチエキシトン生成 …………………………………… 106
- ホットキャリア型太陽電池 ……………………………… 107
- ドナー・アクセプター型有機系太陽電池 ……………… 108
- バルクヘテロ接合型太陽電池 …………………………… 109
- 励起子 ……………………………………………………… 110
- 色素増感太陽電池 ………………………………………… 111

- ペロブスカイト系太陽電池 ……………………………………… 112
- 炭素系太陽電池 ………………………………………………… 114
- 宇宙太陽光発電 ………………………………………………… 114

第8章　半導体界面とデバイス

- 多重量子井戸レーザー ………………………………………… 118
- GaAs-VLSI 用オーミック接合 ……………………………… 119
- Si-ULSI 用 Cu 配線バリアメタル …………………………… 123
- ショットキー接合 ……………………………………………… 125
- 電界効果トランジスタ ………………………………………… 126
- 単一電子トランジスタ ………………………………………… 127
- Ge ナノ粒子 …………………………………………………… 128
- BN ナノ物質 …………………………………………………… 129
- BN ナノカプセル ……………………………………………… 129
- ナノワイヤ内包ナノチューブ ………………………………… 131
- 水素吸蔵フラーレン物質 ……………………………………… 132
- 熱電変換素子 …………………………………………………… 134
- 熱電変換機構 …………………………………………………… 135
- 原子力電池 ……………………………………………………… 136

第9章　量子情報材料

- 量子コンピュータ ……………………………………………… 140
- 量子ビット ……………………………………………………… 141
- ブロッホ球 ……………………………………………………… 142
- 分子スピン型量子コンピュータ ……………………………… 143
- 量子ドット型量子コンピュータ ……………………………… 144
- 固体素子型量子コンピュータ ………………………………… 145
- 超伝導磁束量子ビット型量子コンピュータ ………………… 146
- 分散型量子コンピュータ ……………………………………… 148
- 単一光子デバイス ……………………………………………… 149
- ダイヤモンド NV 中心単一光子源 …………………………… 150
- デコヒーレンス制御 …………………………………………… 151
- 量子回路 ………………………………………………………… 152
- 量子暗号通信 …………………………………………………… 153
- 量子計算 ………………………………………………………… 154
- ダークエネルギーと情報 ……………………………………… 155

第10章　核融合

- 太陽の核融合エネルギー ……………………………………… 158
- プラズマ ………………………………………………………… 158
- 重力閉じ込め核融合炉：太陽 ………………………………… 159
- pp 連鎖反応と CNO サイクル ……………………………… 161
- 核子結合エネルギー …………………………………………… 163
- 核融合研究の背景 ……………………………………………… 164
- DD 反応と DT 反応 …………………………………………… 165
- 核融合反応率 …………………………………………………… 166
- 量子トンネル確率と共鳴 ……………………………………… 168
- 核分裂 …………………………………………………………… 170
- 核融合炉の実現条件 …………………………………………… 171
- レーザー核融合 ………………………………………………… 172
- 熱核融合の問題点 ……………………………………………… 173
- 凝集系核融合 …………………………………………………… 173
- 極性結晶による DD 焦電核融合 …………………………… 174
- ミューオン触媒核融合 ………………………………………… 175
- キャビテーション核融合 ……………………………………… 176
- 水素吸蔵合金凝集核融合 ……………………………………… 177
- 水素の量子トンネル効果 ……………………………………… 178
- 超伝導材料 ……………………………………………………… 180
- 核融合炉材料の熱伝導率 ……………………………………… 181
- 核融合炉材料の界面構造 ……………………………………… 183

第11章　生体関連材料

- 光合成 …………………………………………………………… 188
- 光合成のエネルギーレベル …………………………………… 188
- 人工光合成 ……………………………………………………… 190
- 光触媒 …………………………………………………………… 191
- バイオ光化学電池 ……………………………………………… 192
- バイオ燃料電池 ………………………………………………… 193

第12章　太陽電池材料の微細構造

- P3HT/PCBM 系太陽電池 …………………………………… 196
- フタロシアニン二量体系太陽電池 …………………………… 197

- PCBM:P3HT フタロシアニン添加 ……………………………… 198
- ポルフィリン系太陽電池 ……………………………… 200
- ダイヤモンド：C_{60} 太陽電池 ……………………………… 202
- ダイヤモンドナノ粒子太陽電池 ……………………………… 203
- Ge ナノ粒子太陽電池 ……………………………… 206
- 固体型色素増感太陽電池 ……………………………… 207
- 銅酸化物系太陽電池 ……………………………… 208
- $CuInS_2/C_{60}$・TiO_2 系太陽電池 ……………………… 211
- ポリシラン系太陽電池 ……………………………… 212
- 球状 Si 太陽電池 ……………………………… 215
- 元素ドープペロブスカイト系太陽電池 ……………………… 217

詳しく知りたい人のための参考図書 ……………………… 223
本文中の図表の引用もしくは改編後引用一覧 ……………… 223
さくいん ……………………………………………… 225

コラム

アインシュタインの人生観－人間 ……………………… 22
世界物理年 2005 ……………………………… 42
神経ホログラム ……………………………… 55
量子論と生命 ……………………………… 56
心のエネルギーの物質化 ……………………………… 56
アインシュタインの人生観－心 ……………………… 67
人間原理 ……………………………… 68
アインシュタインの人生観－物理学 ……………… 68
宇宙のはじまり ……………………………… 100
時間の非対称性 ……………………………… 116
アインシュタインの人生観－科学 ……………… 116
時間旅行 ……………………………… 137
不完全性定理 ……………………………… 138
神の証明 ……………………………… 138
科学と幸福 ……………………………… 138
真空のエネルギー ……………………………… 156
質量の源 ……………………………… 185
光と神 ……………………………… 186
アインシュタインの人生観－自然 ……………… 194
アインシュタインの人生観－人生 ……………… 221
時間とは ……………………………… 221
アインシュタインの人生観－神と徳 ……………… 222
今が大切 ……………………………… 222

序章

基礎事項

国際単位系（SI単位系）

量	単位	記号	次元
長さ	meter（メーター）	m	
質量	kilogram（キログラム）	kg	
時間	second（秒）	s	
温度	kelvin（ケルビン）	K	
電流	ampere（アンペア）	A	
光度	candela（カンデラ）	cd	
角度	radian（ラジアン）	rad	
周波数	hertz（ヘルツ）	Hz	s^{-1}
力	newton（ニュートン）	N	$Kg\,m\,s^{-2}$
圧力	pascal（パスカル）	Pa	$N\,m^{-2}$
エネルギー	joule（ジュール）	J	$N\,m$
仕事率	watt（ワット）	W	$J\,s^{-1}$
電荷・電気量	coulomb（クーロン）	C	$A\,s$
電位	volt（ボルト）	V	$J\,C^{-1}$
伝導率	siemens（ジーメンス）	S	$A\,V^{-1}$
電気抵抗	ohm（オーム）	Ω	$V\,A^{-1}$
静電容量	farad（ファラド）	F	$C\,V^{-1}$
磁束	weber（ウエーバ）	Wb	$V\,s$
磁束密度	tesla（テスラ）	T	$Wb\,m^{-2}$
インダクタンス	henry（ヘンリー）	H	$Wb\,A^{-1}$
光束	lumen（ルーメン）	Lm	$Cd\,rad$

量	記号	値
オングストローム	Å	$0.1\,nm = 10^{-10}\,m$
エレクトロン（電子）ボルト	eV	$1.60218 \times 10^{-19}\,J$
1 eV 光子の波長	λ	$1239.84\,nm$
標準大気圧	atm	$1.01325 \times 10^{5}\,Pa$

半導体分野では、長さの単位としてcmを、エネルギーの単位としてeVを使用することが多い

序章 基礎事項

物理定数

物理量	記号	数値	SI単位
真空中の光速	c	2.99792458×10^8	$m\,s^{-1}$
重力定数	G	6.67384×10^{-11}	$m^3\,s^{-2}\,kg^{-1}$
真空の誘電率	$\varepsilon_0 = 1/\mu_0 c^2$	8.85419×10^{-12}	$F\,m^{-1}\,(NV^{-2})$
真空の透磁率	$\mu_0 = 4\pi \times 10^{-7}$	1.25664×10^{-6}	$H\,m^{-1}\,(NA^{-2})$
天文単位	AU	1.49598×10^{11}	m
光年		9.46073×10^{15}	m
アボガドロ定数	N_A	6.02214×10^{23}	mol^{-1}
気体定数	$R = k\,N_A$	8.31446	$J\,K^{-1}\,mol^{-1}$
ボルツマン定数	$k,\ k_B$	1.38065×10^{-23}	$J\,K^{-1}$
プランク定数	h	6.62607×10^{-34}	$J\,s$
換算プランク定数	$\hbar = h/2\pi$	1.05457×10^{-34}	$J\,s$
電子素量	e	1.60218×10^{-19}	$A\,s\ (C)$
電子の静止質量	$m_e,\ m_0$	9.10938×10^{-31}	kg
陽子の静止質量	m_p	1.67262×10^{-27}	kg
中性子の静止質量	m_n	1.67493×10^{-27}	kg
電子エネルギー	$m_e c^2$	0.5110	MeV
統一原子質量単位	u	1.66054×10^{-27}	kg

周期律表と原子量

1	2	3	4	5	6	7	8	9	10	11	12	13	14	15	16	17	18
1H 水素 1.008																	2He ヘリウム 4.003
3Li リチウム 6.941	4Be ベリリウム 9.012											5B ホウ素 10.81	6C 炭素 12.01	7N 窒素 14.01	8O 酸素 16.00	9F フッ素 19.00	10Ne ネオン 20.18
11Na ナトリウム 22.99	12Mg マグネシウム 24.31					元素記号 → 元素名 → 原子量(u) →						13Al アルミニウム 26.98	14Si ケイ素 28.09	15P リン 30.97	16S 硫黄 32.07	17Cl 塩素 35.45	18Ar アルゴン 39.95
19K カリウム 39.10	20Ca カルシウム 40.08	21Sc スカンジウム 44.96	22Ti チタン 47.87	23V バナジウム 50.94	24Cr クロム 52.00	25Mn マンガン 54.94	26Fe 鉄 55.85	27Co コバルト 58.93	28Ni ニッケル 58.69	29Cu 銅 63.55	30Zn 亜鉛 65.41	31Ga ガリウム 69.72	32Ge ゲルマニウム 72.64	33As ヒ素 74.92	34Se セレン 78.96	35Br 臭素 79.90	36Kr クリプトン 83.80
37Rb ルビジウム 85.47	38Sr ストロンチウム 87.62	39Y イットリウム 88.91	40Zr ジルコニウム 91.22	41Nb ニオブ 92.91	42Mo モリブデン 95.94	43Tc テクネチウム (99)	44Ru ルテニウム 101.1	45Rh ロジウム 102.9	46Pd パラジウム 106.4	47Ag 銀 107.9	48Cd カドミウム 112.4	49In インジウム 114.8	50Sn スズ 118.7	51Sb アンチモン 121.8	52Te テルル 127.6	53I ヨウ素 126.9	54Xe キセノン 131.3
55Cs セシウム 132.9	56Ba バリウム 137.3	57-71 ランタノイド ♦	72Hf ハフニウム 178.5	73Ta タンタル 180.9	74W タングステン 183.8	75Re レニウム 186.2	76Os オスミウム 190.2	77Ir イリジウム 192.2	78Pt 白金 195.1	79Au 金 197.0	80Hg 水銀 200.6	81Tl タリウム 204.4	82Pb 鉛 207.2	83Bi ビスマス 209.0	84Po ポロニウム (210)	85At アスタチン (210)	86Rn ラドン (222)
87Fr フランシウム (223)	88Ra ラジウム (226)	89-103 アクチノイド ♦♦	104Rf ラザホージウム (267)	105Db ドブニウム (268)	106Sg シーボーギウム (271)	107Bh ボーリウム (272)	108Hs ハッシウム (277)	109Mt マイトネリウム (276)	110Ds ダームスタチウム (281)	111Rg レントゲニウム (280)							

	57La ランタン 138.9	58Ce セリウム 140.1	59Pr プラセオジム 140.9	60Nd ネオジム 144.2	61Pm プロメチウム (145)	62Sm サマリウム 150.4	63Eu ユウロピウム 152.0	64Gd ガドリニウム 157.3	65Tb テルビウム 158.9	66Dy ジスプロシウム 162.5	67Ho ホルミウム 164.9	68Er エルビウム 167.3	69Tm ツリウム 168.9	70Yb イッテルビウム 173.0	71Lu ルテチウム 175.0
♦															
♦♦	89Ac アクチニウム (227)	90Th トリウム 232.0	91Pa プロトアクチニウム 231.0	92U ウラン 238.0	93Np ネプツニウム (237)	94Pu プルトニウム (239)	95Am アメリシウム (243)	96Cm キュリウム (247)	97Bk バークリウム (247)	98Cf カリホルニウム (252)	99Es アインスタイニウム (252)	100Fm フェルミウム (257)	101Md メンデレビウム (258)	102No ノーベリウム (259)	103Lr ローレンシウム (262)

11

記号

記号	定義／説明	単位
a	格子定数	Å, nm
A	質量数	
c	真空中の光速	$m\ s^{-1}$
D	拡散係数	$cm^2\ s^{-1}$
d	接合深さ	m
e	電子の電荷（電気素量）	C
E	エネルギー	J, eV
E_C	臨界エネルギー	eV
E_F	フェルミ準位	eV
E_g	バンドギャップエネルギー	eV
f	粒子数	
FF	曲線因子	
h	プランク定数	J s
I	電流	A
J	電流密度	$A\ cm^{-2}$
J_{SC}	短絡電流密度	$A\ cm^{-2}$
k_B	ボルツマン定数	$J\ K^{-1}$
kT	熱エネルギー	eV
L	長さ、キャリアの拡散距離	cm, m
m_0	静止電子の質量	kg
m_r	換算質量	kg
n	粒子密度	cm^{-3}
n_i	真性キャリア密度	cm^{-3}
N	ドーピング濃度、中性子数	cm^{-3}
P	クーロン障壁透過率	
P_f	核融合炉出力	W
R	電気抵抗	Ω
R	気体定数	$J\ K^{-1}\ mol^{-1}$
t	時間	s
T	絶対温度	K
v	キャリア速度	$cm\ s^{-1}$
V	電圧	V
V_{OC}	開放電圧	V
W	遷移領域幅	m
W_f	核融合エネルギー	J
Z	陽子数	
ε_0	真空の誘電率	$F\ cm^{-1}$
η	発電効率	
τ	寿命	s
θ	角度	°, rad
λ	波長	nm, μm
ν	光の振動数	Hz
μ_0	真空中の透磁率	$H\ m^{-1}$
μ	キャリア移動度	$cm^2\ V^{-1}\ s^{-1}$
σ	反応断面積	cm^2, barn
φ	金属の仕事関数	eV
ϕ_0	照射強度	$W\ m^{-2}$
ψ	波動関数	

第1章

エネルギー

エネルギーとは

エネルギーという言葉は、以下にまとめたようにいくつかの意味をもっている。
① ある系が潜在的に持っている外部に対して行える仕事量
② 物体が物理的仕事をすることのできる能力
③ 人類の社会活動に役立てる資源
④ 活動の源として体内に保持する気力・活力

通常、物理学の分野では①の仕事量を意味する。物体が仕事をなし得る能力から、熱、光、電磁気、さらには質量もエネルギーである。

一般社会では、②や③の意味でもよく使われる。エネルギー資源として、様々な分野に必要な動力の源を意味し、最近では一次エネルギー資源が、枯渇性エネルギーと再生可能エネルギーに分けて考えられ、世界中で再生可能エネルギーへの移行が進行中である。

国際単位系におけるエネルギーの単位はジュール (J) である。分野によっては、電子ボルト (eV) 、キロワット時 (kWh)なども用いられる。

★ エネルギーの単位

エネルギー	energy
量記号	E
次元	$kg\ m^2\ s^{-2}$
種類	スカラー
SI単位	ジュール J
CGS単位	エルグ erg $= 10^{-7}$ J
MKS重力単位	重量キログラムメートル kgf m
プランク単位	プランクエネルギー $E_P = 1.956×10^9$ J
原子単位	ハートリーHartree E_h 4.360×10^{-18} J
キロワット時 (kWh)	3.6 MJ
電子ボルト (eV)	1.602×10^{-19} J

エネルギー資源

エネルギーには、力学的エネルギー（機械的エネルギー）、運動エネルギー、位置エネルギー（ポテンシャルエネルギー）、弾性エネルギー、化学エネルギー、イ

オン化エネルギー、熱エネルギー、光エネルギー、電気エネルギー、音エネルギー、原子核エネルギー、静止エネルギー（質量）、ダークエネルギーなど様々な種類がある。産業・運輸・消費生活などに必要な動力の源のことをエネルギー資源と呼んでいる。産業・運輸・消費生活などに必要な動力の源で、例えば、石炭・石油・天然ガス・水力・原子力・太陽熱等がある。18世紀までの主なエネルギー源は薪、炭、鯨油などであったが、19世紀の産業革命の頃からそれらにかわって石炭、水力、石油が主に用いられるようになり、20世紀には核燃料が登場した。

最近では、一次資源が枯渇性エネルギーと再生可能エネルギーに分けて考えられるようになっており、再生可能エネルギーの開発と移行が進行中である。

エネルギー問題

人類の築いてきた技術や生活は常にエネルギーを消費することで成り立っている。しかし、長年にわたって地球上にある資源を使い続けることで、いま、無限にあるかのように消費してきた資源は底を見せ始め、資源について真剣に考え正面から問題と向かい合わなければいけない時期が来ている。使っても補うことができない石油や石炭などの化石燃料、森林資源の減少に伴う地球規模の環境問題など、人類がこれからも持続的な発展を続けていくために、資源の枯渇問題を解決しなくてはならない。化石燃料はこのまま使い続けると50年程度で資源が底をつくとの見解がだされている。

このような枯渇してしまうエネルギー資源に替えて、太陽エネルギー、核融合、風力、バイオマス、地熱エネルギーなどの再生可能なエネルギー資源の開発・実用化が急がれている。これらのエネルギー資源は、化石燃料などに比べると、枯渇しにくい、資源量が多い、環境への負荷や影響が小さいといった特徴がある。

一方で、エネルギー密度が低いことや、地域や時間に依存して変動するため安定的な供給が現在の技術や社会体制のもとでは難しい場合が多いなど、実用化に向けてはまだまだ課題が多い。

再生可能エネルギー

再生可能エネルギーとは、太陽、地球、生物的な源に由来し、自然界によって利用する以上の速度で補充されるエネルギー全般を意味する。具体的には、太陽光、風力、波力、流水、潮汐、海洋温度差、地熱、バイオマス等、自然の力で定常的に補充されるエネルギー資源であり、発電、給湯、冷暖房、輸送、燃料等に用いられ

ている。地下資源価格の高騰や有限性、地球温暖化防止のため、近年利用が増加し、2010年には、世界の新設発電所の約1/3を占めている。特に風力発電は急速に伸び、2010年には世界の電力需要量の2.3%、2020年には~10%近くにまで達すると言われる。

再生可能エネルギーに対して、枯渇性エネルギーは、主に化石燃料として、石油、石炭、天然ガス、オイルサンド、シェールガス、メタンハイドレートなどがある。またウランも有限の資源であり、これらの地下資源を利用した火力発電、原子力発電等も意味する。

化石燃料においては、数億年前に、一生を終えた動植物性プランクトンが、海中深く堆積し地層を形成し、加熱・加圧され石油となった。また陸上では樹木などの生物が同様に堆積・加圧等されて石炭となった。つまり、かつて大気中に存在していた炭酸ガスなど人体にとって有害な成分が、太陽エネルギーと生物の働きによって、膨大な時間をかけて固定化され、地中深くに封じ込められ化石となった有機物である。人類は、この化石燃料をわずか数百年で使い果たそうとしている。

また、原子力では、原子核融合反応、原子核分裂反応、原子核崩壊に伴い放出される多量のエネルギーを動力源に利用する。ウランやプルトニウムの核分裂、^{60}Coなど放射性物質の崩壊、重水素・トリチウムなどの核融合により放出される核エネルギーである。ウランは、有限の資源であるが、重水素・トリチウムはほぼ無限にある。またエネルギーの効率的変換装置でエネルギー源ではないが、新エネルギーのカテゴリーに入っているものとして、燃料電池やLNG冷熱などがある。

★ 様々な再生可能エネルギーの問題点

エネルギー	規模	問題点	備考
水力	小 — 大	天候・立地条件に強く依存	自然環境への影響
風力	中	支援用電力	騒音・鳥への影響
太陽電池	小 — 大	時間・天候・季節に強く依存	蓄電池の開発
人工光合成	小 — 大	開発中	技術開発
バイオマス	小 — 大	コスト	バイオ系廃棄物

● 地球上のエネルギー平衡とエントロピー

熱力学第一法則はエネルギー保存の法則である。

熱力学第一法則 ： $\Delta U = w + q$ (1.1)

ある系における内部エネルギー (U) の増加 (ΔU) はその系に加えられた仕事 (W) と熱 (q) の和に等しい。第1法則は別の表現でいえば、永久運動機関は存在しないというものである。エネルギーを大量に消費する文明を維持するのに、地球の閉鎖系で化石燃料や原子力を主に使用する場合は、閉鎖系ではそれらは有限なので、枯渇したらそれで終わりである。さらに問題なのは、次の第二法則である。

次式の第2法則によれば、閉鎖系で自然に起こる過程ではエントロピー（乱雑度の度合いを表わす熱力学的指標S）が増加する。

$$熱力学第二法則：\Delta S > 0 \tag{1.2}$$

地球における閉鎖系での燃料の大量消費や文明の営みは様々な化合物を排出する。それらが自然界で処理され、自然界での処理能力を下回っていればよいが、これらの中には自然界で処理できない有害なものも多く、また自然界が処理できてもその処理能力を超えてしまうと、環境汚染や健康被害をもたらす。二酸化炭素増加による温暖化はその代表例である。

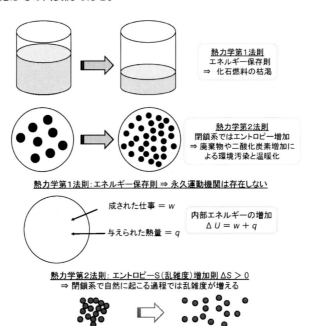

★ 熱力学第1・第2法則

これを解決しようとして、地球の閉鎖系で様々な努力をすると、わかりにくい形で実際にはエントロピーをどこかで増やしていることになり、別の問題が出てくる。地球の閉鎖系で内部に存在するエネルギーを大量に消費して文明を営むと、熱力学第一、第二法則により、破綻が生ずることは必須である。

光子と電子のエネルギー循環

原始生命は約35億年前に誕生し、熱力学の第一・第二法則にも関わらず、これまで続いている。生命現象はなぜ35億年も続いてきたのか。それは生命現象を維持するエネルギーを、太陽光をエネルギー源とする光合成にほとんど頼っているためである。つまり、生命現象は閉鎖系の地球上だけで成り立っているわけではなく、太陽に向かって開いた地球上であるから初めて可能なのである。逆にいえば、地球が閉鎖系なら生命現象も長続きできない。

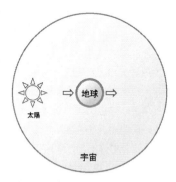

★ 地球は開放系

生命現象を支える植物の光合成は、太陽光の約45%を占める可視光エネルギーにより、二酸化炭素（CO_2）と水（H_2O）を主原料として炭水化物（$C_6H_{12}O_6$）を合成する化学反応である。このとき酸素も発生し、光化学反応は、次式のようになる。

$$CO_2 + H_2O + 8\text{光量子} \rightarrow (C_6H_{12}O_6)_{1/6} + O_2 \qquad (1.3)$$

この光化学反応で獲得されるギブス標準自由エネルギー（$\Delta G°$）は次のようになる。

$$\Delta G° = 114 \text{ kcal } CO_2 \text{ mol}^{-1} = 480 \text{ kJ } CO_2 \text{ mol}^{-1} \qquad (1.4)$$

$$\Delta S° = -43.6 \text{ J K}^{-1} CO_2 \text{ mol}^{-1} \qquad (1.5)$$

反応は二酸化炭素1分子で4電子分の過程に相当するので、1 mol電子については120 kJで、これは1.24 eVに相当する。水の理論的分解電圧は1.23 Vなので、光合成はほぼ水の分解に相当するエネルギーを太陽可視光で得ている。さらに重要なことは、光合成は負のエントロピー（Negative Entropy、ネゲントロピー）を得ている。

このように光合成が獲得する自由エネルギーと負のエントロピーを、動物はいわば食料として摂取し、さらに植物が大気中に捨てた酸素を呼吸で取り入れ、この呼

吸活動により生命を維持し、排泄物は地球上のバクテリアなどにより最後に光合成の原料（二酸化炭素と水）にまで分解され、サイクルが完成する。

　動物は、光合成産物中に蓄えられた高エネルギー電子を、食物として摂取し、また光合成が捨てた酸素を呼吸で取り入れて、高エネルギー電子を酸素に戻してやり、このとき発生する自由エネルギーを生命活動に用いる。化石燃料の燃焼も同様のプロセスとして理解できる。つまり、生命現象も化石燃料の燃焼も電子の流れとして表わされ、地球上のエネルギー循環は電子の流れで表わされ、これを駆動しているのが太陽可視光のフォトン（光量子）である。このように地球上のエネルギー循環は光子と電子という2種類の素粒子で理解できてしまう。炭素は実際に生物やわれわれが利用できる化合物や材料の形にするために必要な元素で、この炭素を循環する役割を持つのが二酸化炭素である。

　現在われわれが直面している環境問題は、地球に貯蔵された化石燃料（光合成産物）を燃焼して文明を営むサイクルを、自然界が許容する限界をはるかに上回って進めていることに起因する。

　人類が熱力学の第一・第二法則にも関わらずエネルギーを大量に消費する文明を維持するには、生命現象と同様、地球は太陽光に向かって開いているという観点が重要である。太陽光をエネルギー資源として利用することで、初めて今後の文明を維持することが可能となる。

生命と文明の恒常性

　熱力学第一法則（エネルギー保存則）と第二法則（エントロピー増大則）によれば、我々の文明活動のように、閉鎖系でエネルギーを大量に消費する活動を定常的に行うことは不可能で、いずれ破綻する。

　同じようにエネルギーを消費する生命現象が、何十億年も恒常的に維持されてきたのはなぜか。それはすでに記したように、生命現象のエネルギー源のほとんどは太陽光エネルギーにあり、開放系で維持されているためである。

　生命現象は常にエネルギーと物質の出入があり、非平衡状態にありつつも定常状態を保っている。これは恒常性（ホメオスタシス）と呼ばれ、恒常性は動的平衡系ともいえる。平衡系は、A ⇔ B　に示すように、単にA状態とB状態の間の行き来が平衡状態にあり、閉鎖系でも成り立つ。しかし生命現象や我々の文明の営みは、動的平衡系で単にAとBの間の平衡状態ではなく、AおよびBに常にエネルギーや物質の流入と流出があり、非平衡でありながらあたかも平衡を保っているように見える。このような非平衡定常性は、閉鎖系では成り立たず、開放系で初めて可能となる。

現在のエネルギー・環境問題は、この文明の営みにおける恒常性が崩れつつあるためである。それは、このような社会活動を閉鎖系でのみ行ってきたためである。エネルギー消費の規模が小さい頃は矛盾が見えなかったが、その規模が極めて大きくなった現在、問題が顕在化してきた。文明社会も生命現象と同様、恒常性を保つためには、地球の閉鎖系だけでは問題は解決できず、宇宙に目を向けなければならない。

太陽エネルギー利用は、単に化石燃料に代わる代替エネルギーという意味ではなく、文明・人間存在の本質的な問題であり、大量エネルギー消費文明を、自然が許容してくれるのかという問題になる。

われわれがいまのスタイルの文明を今後も続けるなら、地球の閉鎖系で文明を営むのではなく、最低限の条件として、光合成のように太陽光に向かって開いた社会システムを構築する必要がある。ただし、自然界が大量エネルギー消費文明を許してくれるかどうかは別問題である。許容の範囲を超え、自然界がすでに暴走し始めたとする説もある。人類は謙虚になり自然界から学び、自然を大切にする気持ちがあれば、必要最小限のエネルギーを太陽エネルギーから得ながら高度文明を維持・発展させていくことは可能であろう。

★ 生命現象および文明の恒常性(ホメオスタシス Homeostasis = 動的平衡)

★ 世界のエネルギー需要・供給(2010年)

エネルギーの種類	エネルギー量 (EJ y^{-1})	仕事率 (TW)
大気圏外太陽光	5,450,000	173,000
地表での太陽光	3,820,000	121,000
光合成生産量	4,000	127
食糧	16	0.51
エネルギー需要	480	15.2
バイオマス廃棄物量	128	4.06

地球温暖化

　地球史上、気候の温暖化や寒冷化は何度も繰り返されてきたと考えられている。しかし図に示すように地球全体の気候が温暖になる現象が、20世紀後半から顕著になっており、この現象が地球温暖化である。現象としては、大気や海洋の平均温度の上昇に加えて、生態系の変化や海水面上昇による海岸線の浸食など、気温上昇に伴う二次的な諸問題を含めて「地球温暖化問題」と呼ばれる。温暖化が将来の人類や環境へ与える悪影響を考慮し、その対策が実行され始めている。

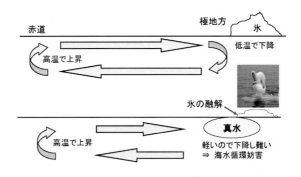

★　海水の流れによる気温の平均化と極地方の氷融解

　直接観測の結果と過去数万年の気候の推定結果を考慮し、地球規模で長い時間軸に及ぶシミュレーションも合わせ、原因としては、環境中の寿命が長い二酸化炭素・メタンなど温室効果ガスの影響量が原因となると考えられている。
　燃焼とは、薪や化石燃料を構成する炭素や水素が大気中の酸素（O_2）と化合する反応で、炭素や水素はこの過程で酸化物を生成する。天然ガスの主成分であるメタン（CH_4）を例にとって反応式で表わす。

$$CH_4 + 2O_2 \rightarrow CO_2 + 2H_2O \tag{1.6}$$

灯油、ガソリンなどの炭化水素物 $C_nH_{2(n+1)}$ では次式のようになる。

$$C_nH_{2(n+1)} + \{(3n+1)/2\}O_2 \rightarrow nCO_2 + (n+1)H_2O \tag{1.7}$$

窒素分は、N_2O、NO_3^-、NO_2^- などの窒素化合物になり、温暖化や富栄養化などの環境汚染をもたらす。

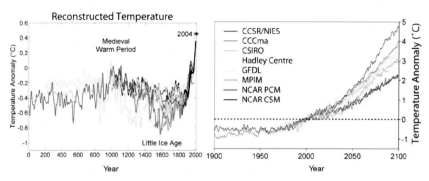

★ 過去2000年間の気温変化と今後100年間の気温変化予測

　古い時代の大気中の二酸化炭素濃度は、南極の氷の年代とその中に閉じ込められている空気の二酸化炭素組成から推算でき、産業革命以前には280 ppmでだいたい一定であったが、18世紀半ば以降の産業革命により燃料消費量（石炭）が急速に増加し始めた。20世紀に入り使いやすい石油が登場すると化石燃料の使用量はますます増加し、大衆車の普及をはじめとする科学技術の飛躍的進歩で、化石燃料使用量は加速度的に増加し、現在360 ppmを超えている。21世紀末には560 ppm以上に達すると推測され、産業革命以前の2倍に達することになる。産業革命以前の定常状態近に近い二酸化炭素濃度が自然界のバランスを保つための上限と考えるなら、21世紀末にはその2倍の二酸化炭素が大気中に蓄積し、さらに増加し続けることになる。

　人為的温室効果ガス排出に応じて気温が上昇する。1990年から2100年の間に平均気温が1.1〜6.4℃上昇することが予測され、過去1万年の気温の再現結果と比較しても異常である。北極域の平均気温は、過去100年間で世界平均の上昇率の約2倍で、北極の年平均海氷面積は10年当たり約2.7%縮小した。温暖化により、環境中から二酸化炭素やメタンなどの放出が促進され、さらに加速する効果も予測される。

コラム　アインシュタインの人生観－人間

★ 私は、自然について少し理解しているが、人間についてはほとんど理解していない。
★ 人は、海のようなものである。あるときは穏やかで友好的。あるときは荒れて、悪意に満ちている。実際、人間もほとんど水で構成されている。
★ 人は、自分だけのために小さな世界を創造する。そして、変化し続ける真の存在の偉大さと比較したら悲しいほどに無意味だというのに、自分を奇跡のように大きく重要であると感じる。
★ 人間の真の価値は主に、自己からの解放の度合いによって決まる。

第2章

エネルギーと物質

原子

　原子は、正の電荷を帯びた原子核と、負の電荷を帯びた電子からなる。さらに原子核は、陽子と電気的に中性な中性子から構成される。電子は素粒子と考えられており、そのサイズは10^{-18} m以下である。素粒子とは、それ以上分解できない粒子の総称である。電子はよく描かれる模式図のように、特定の軌道を描いて原子核のまわりを回っているのではない。原子核のまわりに電子雲が確率的に分布しており、原子の大きさは、この電子雲が存在している 0.2 nm程度となる。電子雲は、波のように存在していて、測定した瞬間に粒子として見ることができる。しかし実際には、電子雲のサイズを定義することは難しく、化学結合し分子を形成している場合やイオンとなった場合など、原子雲の広がりも当然変化し、原子の大きさも異なってくる。

　原子核は陽子と中性子からなり、サイズは 10^{-15} m（1 fm）程度である。陽子はプラスの電荷をもつが、中性子は電荷をもたない。微小空間でプラスの電荷をもち反発する陽子をつけようと支えているのが中間子である。

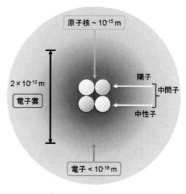

★ 原子の構造

クォークとレプトン

　標準模型では、陽子と中性子はクォークからできており、クォークは自然界に3世代（6つのクォーク）に存在する。

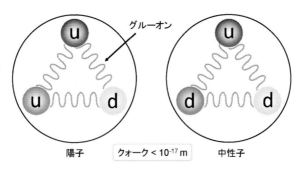

★ 陽子と中性子の構造

電子は、レプトンの一種である。陽子は二つのアップクォークと一つのダウンクォークから、中性子は二つのダウンクォークと一つのアップクォークからなる。

現在このクォークとレプトンが、最小の素粒子と考えられているが、これよりさらに進んだ超弦理論が、提案されている。超弦理論では、基本素粒子はある種の弦（ひも）であり、その弦の振動のしかたで、クォークやレプトンができるという理論である。この理論は、今まで含まれていなかった「重力」を含むので、量子重力理論とも呼ばれる。

フェルミ粒子とボース粒子

フェルミ粒子は、スピン角運動量の大きさが半整数 (1/2, 3/2, 5/2, …) の量子力学的粒子である。フェルミオンとも呼ばれ、イタリアの物理学者エンリコ・フェルミに由来する。フェルミ粒子は、1つの体系内で2個の粒子が同じ量子状態になることが許されず、パウリの排他原理に従う。この規則から導かれる熱平衡状態にある同種のフェルミ粒子からなる体系が従う量子統計をフェルミ・ディラック統計という。フェルミ粒子に属する粒子には、クォークやレプトンである電子やミュー粒子、ニュートリノがある。また、3つのクォークからなるバリオンに属する陽子や中性子もフェルミ粒子である。

スピンを s とすると、スピンの角運動量大きさは、次式で与えられる。

$$\{s(s+1)\}^{\frac{1}{2}}\hbar \tag{2.1}$$

電子のスピン量子数は $s = \pm\frac{1}{2}$ であるので、電子のスピンの角運動量は次式のようになる。

$$\pm\left(\frac{3}{4}\right)^{\frac{1}{2}}\hbar = \pm 0.866\hbar \tag{2.2}$$

一方、ボース粒子は、スピン角運動量の大きさが整数倍の量子力学的粒子である。フォトンはスピン1の粒子である。ボース粒子は、1つの体系内であっても同一の量子状態をいくつもの粒子がとることができる。熱平衡状態にある同一のボース粒子の体系が従う量子統計をボース・アインシュタイン統計という。ボース粒子に属する粒子には、素粒子の間の相互作用を媒介するゲージ粒子であるフォトン、ウィークボソン、グルーオンがある。未発見の粒子としては、重力を媒介するグラビトンがスピン2のボース粒子と考えられる。また、素粒子に質量を与えるヒッグス粒子はスピン0のボース粒子と考えられている。中間子もボース粒子で、π中間子、K

第2章　エネルギーと物質

中間子、D 中間子、B 中間子はスピン 0、ρ 中間子、ω 中間子、ϕ 中間子、J/ψ 中間子はスピン 1 である。また、凝縮系物理学に現れるフォノンやマグノンのような準粒子、超伝導に関与するクーパー対もボース・アインシュタイン統計に従う。

　ニュートリノとは、中性レプトンの名称で、電子ニュートリノ、ミューニュートリノ、タウニュートリノがある。パウリが存在を提唱し、フェルミが名づけた、ライネスの実験により存在が証明された。1秒間に人間の体を突き抜けるニュートリノの数は数千兆個であるが、それを感じる人はほとんどいないであろう。ニュートリノは、ほとんど物質と反応しない粒子なので、観測することが非常に難しい。

☆ **フェルミ粒子とボース粒子**

フェルミ粒子	第一世代 電荷・スピン・質量			第二世代 電荷・スピン・質量			第三世代 電荷・スピン・質量		
クォーク	アップ u			チャーム c			トップ t		
	+2/3	+1/2	~5 MeV	+2/3	+1/2	1.3 GeV	+2/3	+1/2	170 GeV
	ダウン d			ストレンジ s			ボトム b		
	-1/3	+1/2	~8 MeV	-1/3	+1/2	130 MeV	-1/3	+1/2	~4 GeV
レプトン	電子 e⁻			ミュー粒子 μ⁻			タウ粒子 τ⁻		
	-1	+1/2	1 eV	-1	+1/2	106 MeV	-1	+1/2	1.78 GeV
	電子ニュートリノ v_e			ミューニュートリノ v_μ			タウニュートリノ v_τ		
	0	+1/2	<2.5 eV	0	+1/2	<180 keV	0	+1/2	<18 MeV

ボース粒子	力の媒介粒子	電荷	スピン	質量
光子 γ	電磁力	0	1	0
Zボソン Z⁰	弱い力	0	1	91.2 GeV
Wボソン W±	弱い力	±1	1	80.4 GeV
グルーオン g	強い力	0	1	0
グラビトン G	重力	0	2	0
ヒッグスボソン H	質量	0	0	~124 GeV?

重要な物理定数

　我々が住んでいる宇宙において、最も重要で基本的な物理定数は次の 3 つである。
① 光速 c （3.00×10^8 m s^{-1}）
② プランク定数 h （6.63×10^{-34} J s）
③ 重力定数 G （6.67×10^{-11} m³ S^{-2} kg^{-1}）

　プランク定数は、量子に関する普遍的定数である。光子の持つエネルギー E は振動数 v に比例し、最低エネルギーがプランク定数である。

$$E = hv \tag{2.3}$$

26

宇宙全体の大きなスケールに関する定数として、光速、重力定数があり、極微小の世界の定数が、プランク定数である。エネルギーだけでなく、時間や長さにも最小単位があり、以下の式で表され、プランク時間 t_p、プランク長さ l_p と呼ばれる。

$$t_p = \sqrt{\frac{\hbar G}{c^5}} \approx 5.39 \times 10^{-44} \, s \tag{2.4}$$

$$l_p = c t_p = \sqrt{\frac{\hbar G}{c^3}} \approx 1.62 \times 10^{-35} \, m \tag{2.5}$$

また軌道角運動量やスピンは、換算プランク定数 $\hbar$ の定数倍である。例えば電子のスピンは、$\pm\frac{1}{2}\hbar$ である。ただし、量子力学ではプランク単位系を用いることが多く、その場合の電子のスピンは $\pm\frac{1}{2}$ である。

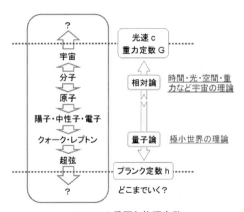

★ 3つの重要な物理定数

宇宙の4つの力

①重力：距離 r だけ離れた質量 m_1、m_2 の物質に働く万有引力 F は、G を重力定数として、次式のようになる。

$$F = G \frac{m_1 m_2}{r^2} \tag{2.6}$$

重力は電磁力と同様に遠くまで作用する力であるが非常に弱い。質量密度の高い星では、光も引き付けて閉じ込めてしまうため、ブラックホールが形成される。

②電磁力：距離 r だけ離れた電荷 q_1、q_2 にかかる静電気の力 F は次のクーロンの法則で表される。

$$F = \frac{1}{4\pi\varepsilon_0}\frac{q_1 q_2}{r^2} \tag{2.7}$$

ここで、ε_0 は真空の誘電率である。磁場に関連しても同様な力が働き、電磁場に関する統一的な式が得られる。重力も電磁力も力は、距離の二乗則に従っている。日常の様々なエネルギーがこの電磁エネルギーによるもので、化学反応や生体エネルギーも電磁力に関連するエネルギーである。一般的に、ポテンシャルを U とすると、力 F はベクトル微分演算子 ∇ を用いて $F = -U$ と書け、$U \propto 1/r$ である。

③ 弱い力：フェルミにより発見されたベータ崩壊で代表される弱い力は、素粒子レベルの近距離（10^{-18} m）にしか及ばない力で、放射性壊変を引き起こす力である。

④ 強い力：中間子の交換による核力の理論において、その力は電磁力の100倍近く大きい。ただし、その作用する距離は原子核の大きさ 10^{-15} m 程度で、そのポテンシャルは次式で表される。

$$U(r) \sim -\frac{g^2}{4\pi}\frac{e^{-r/\lambda}}{r} \tag{2.8}$$

m を中間子の質量として、プランク定数 h、光速 c を用いて、$\lambda = h/mc$ は中間子のコンプトン波長（物質を波とした場合の広がり）であり、$g^2/4\pi$ は結合定数である。指数関数 $e^{-r/\lambda}$ に表されるように、近距離のみで働く力であるが、中心部には別途斥力が働く。

力は場の歪みや交換粒子により、相互に力が及ぼされる。宇宙にはこれら4つの力があり、作用の及ぶ範囲も異なる。重力や電磁力は、交換粒子（ゲージ粒子）の質量が 0 のため、無限大まで影響が及ぶ。この4つの力が様々なエネルギー源となる。

★ ゲージ粒子である宇宙の４つの力の性質と応用

	光子 γ	ウィークボソン W, Z	グルーオン g	グラビトン G
伝える力	電磁力	弱い力	強い力	重力
強さの比	10^{-2}	10^{-5}	1	10^{-40}
スピン	1	1	1	2
質量	0	80, 91GeV	0	0
作用粒子	電荷粒子	弱荷粒子	色荷粒子	全粒子
作用範囲	無限大（ブレーン内）	10^{-18} m	10^{-15} m	無限大（ブレーン外）
場所	原子分子レベル	原子核内	原子核内	宇宙空間
エネルギー源	化石燃料	地熱	原子力・太陽	水力・潮汐力

光子

　光は電磁場の量子であり、静止質量は0で、スピンは1である。エネルギーは$h\nu$（ν：振動数）で表される。質量が0なので、電場ベクトルの向きが進行方向に垂直な面内に向いている。しかし実際に光は静止しているわけではなく、通常は光速で運動しており、光の静止質量がゼロというのは便宜的な値であって物理的意味を持たず、実際には次に示すようにエネルギーを持つ。
　相対性理論によれば、エネルギーは次式で表される。

$$E^2 = c^2 p^2 + m_0^2 c^4 \tag{2.9}$$

ここで$p = 0$のときは静止エネルギーを示し、$m_0 = 0$のときはフォトン（光子）やフォノン（音響量子）に対して成り立つ。この式は次式のように、二つの解を持つ。

$$E = \pm\sqrt{c^2 p^2 + m_0^2 c^4} \tag{2.10}$$

　マイナス符号は、反粒子・反物質に対応し、例えば電子に対する陽電子、水素に対する反水素である。ここで通常の光を考えると、運動エネルギーは$h\nu$になり、運動している光の質量は、$h\nu/c^2$となり、この質量が重力相互作用を及ぼす。ただこれも便宜的な値で物理的意味は持たず、通常はエネルギーで表す。エネルギーや光は、物質に変換できる。
　波が粒子として姿をあらわしたものが光子であり、光子が電磁力を伝えていることになる。離れた2物体間で電磁力が作用するしくみとして電子や陽子など電荷をもつ粒子はいつも光子を放出・吸収をくり返している。そして荷電粒子同士が近づくと、その光子をお互いにキャッチボールし、光子の運動エネルギーをやり取りすることで、力を及ぼし合う。しかも距離が近づくほど頻繁にボールを投げ合い、作用する電磁力が強くなる。光子は質量を持たないため、電磁力はどこまでも伝わる。
　アインシュタインの相対性理論では、三次元空間に時間を加えた四次元時空を考える。空間座標と時間軸を結びつけるのは、「光子によって伝達される情報」である。光速は無限大ではないので、光子がある距離を進むにはそれなりの時間を要する。つまり、実際に光子が到達した次点で、それが運んできた情報はすでに古くなっている。
　フォトン1個のエネルギー、フォトン個数は次式で表される。ここでλは光の波長、P (W)は光の出力である。

$$E = h\nu = \frac{hc}{\lambda} \tag{2.11}$$

$$N = \frac{E}{h\nu} = \frac{Pt\lambda}{hc} \tag{2.12}$$

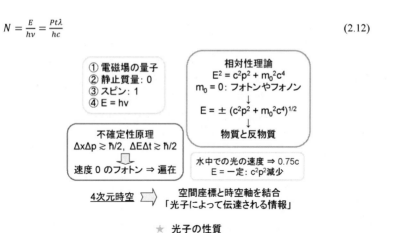

★ 光子の性質

光の物質化

　原子核だけの密度を考えてみると先に述べたように、約10^{17} kg m^{-3} となる。この密度を、エネルギーに変換してみると、Eは約10^{34} J m^{-3}（= 10^{25} J mm^{-3}）となる。この高いエネルギー密度があれば、エネルギーが物質化するものと考えられる。我々の宇宙で、これだけ高いエネルギー密度をもつものは、ほとんどない。通常は、この原子核の周囲に電子があり、密度が小さくなっているからである。ただ、ブラックホールや中性子星などでは、これに近い密度になっている。

　ブラケットとオッキアリーニは、正負の電子対が高エネルギーの宇宙線が霧箱内の原子核に衝突することで発生することから、輻射の量子が、1連の電子ー陽電子の対を生成することを示した。アインシュタインの方程式 $E = mc^2$ から、対生成には電子(または陽電子)一個の二倍の質量に相当するエネルギーが必要である。このように、1933年に光が物質に変換することを彼らは最初に実証した。

　宇宙で最も高エネルギーの光は、ガンマ線である。ガンマ線は、高エネルギー（> 100 keV）を有する最短波長の光子の一般名称である。現在までに発見されている最も短い波長の光は、宇宙最大の爆発現象、ガンマ線バーストと呼ばれる天体現象からでてくる光である。ガンマ線バーストは、宇宙の遥か彼方で発生する大爆発で、太陽が100億年かけて放射するエネルギーの100倍を、たった数秒のうちに放射する。50 TeVのエネルギーのガンマ線が、かに星雲において観測されている。生命体物質がすべてエネルギー化すれば、このガンマ線よりはるかに高い値となる。しかし現実にはこの高いエネルギーは観測されていない。

光が高いエネルギー密度をもつと、光のままでいることができなくなって、物質になってしまうのである。ポール・ディラックが、この光の物質化現象を理論的に予言した。そして、カール・アンダーソンが実験で、光の物質化を証明したのである。二人ともノーベル賞を受賞した。

1996年には、スイスのヨーロッパ素粒子物理学研究所で、光を物質化させて、水素原子を生み出すことに成功している。2002年には数万個の水素原子を作れるようになった。

宇宙最大の爆発現象「ガンマ線バースト」
⇒ 現在までに発見されている最も短い波長の光
〜100 TeV (10^{14}eV) ⇒ λ = 4.14×10^{-29} m
ガンマ線：高エネルギー (>100keV) 最短波長光子の一般名称

観測された最大エネルギーのガンマ線⇒かに星雲 (50 TeV)

$E = mc^2 = h\nu$　物質 ⇔ 光

50 kg 〜 10^{31} eV

★　ガンマ線バースト

逆に、アインシュタインが発見したように、物質は光にも変化する。これを利用しているのが、原子炉である。さらに、太陽も物質を光に変えているのである。原子炉ではウランが核分裂し、太陽では水素原子が核融合し、一部の物質が光に変わっている。その大きなエネルギーを、我々が利用しているのである。

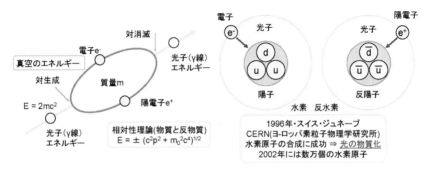

★　光の物質化と水素合成

不確定性原理と真空の物質化

　我々の宇宙は、プラスのエネルギーでできている。マイナスのエネルギーは非常に不安定で、自然界にはほとんど存在しない。マイナスのエネルギーは、別名「反物質」、「反粒子」とも呼ばれ、LHCなどの粒子加速器の中で生み出されるが、非常に短い時間で、物質と結合し光になってしまう。ところが量子レベルでみると、宇宙のどこにでも、負のエネルギーが現われている。真空は尽きることのない負のエネルギー粒子の宝庫なのである。

　ハイゼンベルグの不確定性原理は次式のようになる。

$$\Delta t \Delta E \geq \frac{\hbar}{2}, \quad \Delta x \Delta p \geq \frac{\hbar}{2} \tag{2.13}$$

　x、p、E、t はそれぞれ、位置、運動量、エネルギー、時間である。光子の振動数（エネルギー）が決まれば時間情報が逆にあいまいになることを示している。波動関数は、振幅と位相の2つの成分をもち、不確定性原理により共役な2つの物理量を決定できない。

　これより、何もない空間である真空においても、非常に短い時間 Δt においては、エネルギー ΔE が極度に大きくなり、物質化する。

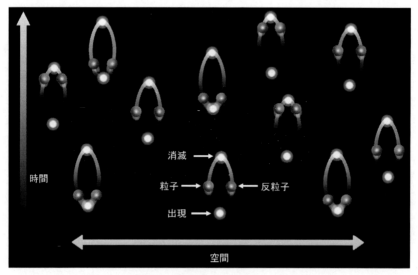

★ 真空の物質化

真空には、このような「ゆらぎ」があり振動していて、領域サイズをLとしてゼロ点エネルギーと呼ばれる非常に小さなエネルギーをもつ。

$$E = \frac{h^2}{8mL^2}$$
(2.14)

つねに、ゼロ点エネルギーの空間から、プラスとマイナスのエネルギー（粒子と反粒子）が対になって現われてくる。

ただ非常に短時間で、そのプラスとマイナスのエネルギーは、再び合体し、ゼロ点エネルギーに戻ってしまう。その時間とサイズがあまりにも小さすぎるため、ふつうはマイナスのエネルギーを検出できない。ただ間接的には、2枚の金属板の間にあるマイナスのエネルギーによって金属板同士が引き合うカシミール効果によって見つかっている。

電子と陽電子はガンマ線などの高エネルギーの光子から対生成し、また衝突して対消滅し光子に戻ってしまう。これは、量子力学の確率的な「ゆらぎ」と相対性理論の「エネルギーと質量は等価」という2つを具現化したものである。相対論的量子論では、真空が「何もない空間」という従来の常識は成り立たなくなり、粒子の対が現れては消える充満した空間である。

物質と反物質

反粒子が理論的にみて存在することをディラックが予言し、アンダーソンが最初の反粒子「陽電子」を発見した。これは非常に軽く正の電荷を帯び、電子と対を成す。さらに、1996年1月、スイスのジュネーブに本拠を置くCERN（ヨーロッパ素粒子物理学研究所）は、反水素原子を合成したことを報じた。反粒子からなる反水素原子は、もっとも簡単な構造をもつ反物質である。

理論上反物質は、「完全にクリーンな究極のエネルギー源」である。物質と反物質が対消滅すると、その質量はすべてエネルギーに変換される。通常の核分裂や核融合と比較して、はるかに大きなエネルギーが取り出せる。さらに、対消滅過程は効率が100%で、放射性物質などの反応生成物を一切残さない。自身の質量の200%をエネルギーに転換し、エネルギー密度だけを考えれば超高密度である。反物質は、質量とスピンが全く同じで、電荷などが全く逆の性質をもつ。自然界にはほとんど存在せず、人工的に作る。

反物質は完全な燃料になるが、実際に得ることは極めて難しい。反物質は物質に触れると爆発的な対消滅を生じるので、貯蔵・取り扱いに工夫が必要である。唯一、ライデンフロスト効果のような形で、最初の反応によって生じた層が残りの反

応や反物質を遮断し、反応の続行を阻止する方法が考えられる。宇宙開発のような特殊用途での利用が考えられ、NASAが反物質動力推進機関に関心をもっている。

反物質でできた物体同士に働く力は、反重力であり、反粒子は時空の中で時間を逆行する、つまり過去に向かって走る粒子である。

光は、電荷をもった物質が振動すると発生するが、それ自体は電荷を持っていない非常に特殊な物質である。電荷をもった反物質が振動すると、「反光」（antilight）が生まれるが、それは光と全く同一のものである。反物質でできた反世界（antiworld）も、私たちの住む世界と同じ光によって照らされる。

● 光の凍結

光の凍結方法は以下の順序で行う。まず光を待ち伏せする。静止させたい光パルスが原子集団に入射する前に、原子のスピンをそろえ、また結合レーザー光によって入射光パルスに対して透明にし、ボース・アインシュタイン凝縮体（BEC）の状態にしておく。原子集団はパルスを大きく減速・圧縮し、原子の状態はゆっくりと進む光パルスを伴う波のように変化する。パルス全体が原子集団に入り込んだとき、この原子状態の波と光を静止させるために結合レーザー光を消す。波の静止とともに光は消える。

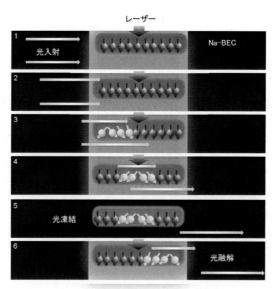

★ 光の凍結

しかしプローブ光パルスのもっていた情報は失われない。その情報はすでに原子の状態に転写されているのである。光パルスが静止・消滅したとき、その情報は原子状態の波として空間のある場所で「固化」する。

この原子集団中で「固化」したパルスは最初の光パルスがもっていたすべての情報を含んでいる。この現象は、実効的にパルスのホログラムを気体原子集団中に書き込んだのと同じである。このホログラムは結合レーザー光を再び照射すると読み出せる。光パルスが手品のように再び現れ、原子状態の波のうねりに沿って何事もなかったかのようにゆっくりと動き始める。このようにして光を 1 ms もの間貯蔵することに成功したことが報告されている。検証するには、光パルスが検出器に到着する時間を正確に測定すれば、光の減速や静止の現象を明らかにできる。原子集団がないときにパルスの到着時間を測定し比較すればよい。

超弦理論

弦理論とは、物質の基本的単位を大きさが無限に小さな0次元の点粒子ではなく、1次元の広がりをもつ弦と考える理論である。これに超対称性という考えを拡張したものが、超弦理論、または超ひも理論と呼ばれる。超対称性とは、ボソンとフェルミオンの入れ替えに対応する対称性で、この対称性を取り入れた理論は超対称性理論などと呼ばれる。超対称性粒子の一部は、ダークマター候補の一つであるがまだ未発見である。超弦理論は、宇宙の姿や素粒子の世界を説明する究極理論の候補であるが、実験による実証が困難で、物理学の定説となるまでには至っていない。

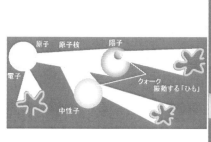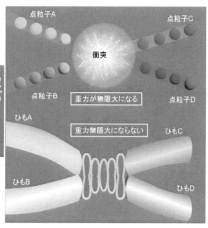

★ 超弦理論

超弦理論では、物質の究極の要素は粒子ではなく、ひも（弦）である。超弦の大きさは10^{-35} mと言われ、原子の大きさの10^{-10} mと比べてもはるかに小さい。多数の素粒子はすべて1本の弦で説明できるとされる。バイオリンの弦が振動によって様々な音を出すように、弦も振動の仕方によって様々な種類の素粒子に見える。

　なぜ粒子ではなく、弦なのかを考える。2つの点粒子が衝突し、新しい2つの点粒子ができるとする。衝突の瞬間、両者の距離は0となり、重力は無限大となってしまう。量子論による不確定性を考慮しても、この無限大を避けられない。しかし、大きさをもつ弦で考えれば、重力の無限大を避けることができる。

　この理論に矛盾が生じないためには、弦を10次元で考えなければならない。我々が知る4次元時空以外の6次元は、カラビ・ヤウ空間と呼ばれる特殊な空間に6次元が隠れた次元として丸め込まれていると考える。

宇宙の生成

　137億年前、我々の住んでいる宇宙は、最初は一つの量子状態であった。宇宙のすべてが一つだったのである。今から137億年前、宇宙が始まる前は、時間も空間もない、「無」の状態であった。車椅子の有名な物理学者、スティーブン・ホーキングによれば、宇宙が始まる前は、虚数時間が流れている世界だったという。ただ一見何もないようにみえるだけで、実際には、ほんの一瞬の短い時間に、時間と空間がゆらいでいた。そのゆらぎの中では、無数の小さな宇宙が生まれてはまた消えている。そしてあるとき突然そのゆらぎの中から、我々の宇宙が誕生した。

　本来宇宙が完全な対称性をもっていれば、粒子と反粒子は合体してすべて元のエネルギーに戻り、この宇宙には物質が存在しないはずであった。しかしCP対称性の破れのために、粒子がほんの少し生き残った。反粒子は、今の宇宙には残っていない粒子で、粒子と合体すると光になって消える。現在宇宙にあるすべての物質は、宇宙創成時の対称性の破れにおける「生き残り物質」の子孫である。われわれ自身もその生き残り物質からできている。

　宇宙が誕生したときの宇宙の大きさは、10^{-35} m 程度である。一個の原子の大きさは、10^{-10} m くらいであるから、宇宙は原子の大きさよりも、はるかにとてつもなく小さいサイズだったのである。そしてそこに、全宇宙の量子情報が含まれていた。

　突然誕生した宇宙は、急激に膨張し始めた。最初は、粒子や反粒子や光が渾然一体となったエネルギーのかたまりであった。反粒子は粒子と合体し光になって消え、宇宙が誕生して38万年後には、電子が、陽子と中性子からなる原子核につかまり、ようやく「原子」が誕生した。

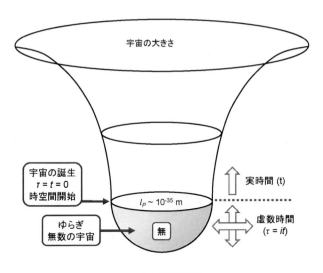

★ 宇宙のはじまり

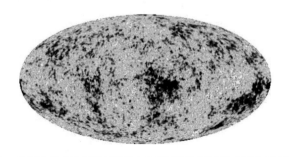

★ 137億年前の宇宙（宇宙誕生から37.9万年後）を示す写真　NASA

　原子ができると、原子同士が結びついて、分子となる。そして、分子がだんだん組み上がっていく。そしてついには、我々の脳や身体もできあがっているのである。

　このように宇宙の誕生を考えてみると、我々は皆、最初は原子より小さい空間で、もともと一つの情報とエネルギーのかたまりだったのである。そこからそのエネルギーがだんだん物質化し、分裂していったのである。

　図は、2008年に、アメリカの航空宇宙局（NASA）が、発表したデータで、137億年前の宇宙を示す写真である。人工衛星から、宇宙温度や光を観測したものである。この写真から、宇宙の始まりである「ビッグバン」の名残が見つかった。宇宙には本当に、ビッグバンがあったようである。このもととなる写真を撮影したマザーとスムートは、2006年のノーベル物理学賞となった。

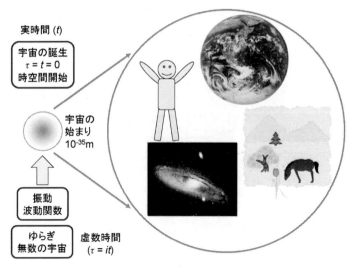

★ 宇宙は一つの量子状態から生成

宇宙初期の元素生成

　宇宙の物質の主要元素の75質量%は水素であり、水素が星を形成し核融合反応を起こすことで宇宙は光に満ちている。我々の宇宙の大局的構造は、アインシュタインが導いた一般相対性理論の重力場方程式で支配されている。

$$R_{\mu\nu} - \frac{1}{2}g_{\mu\nu}R = \frac{8\pi G}{c^4}T_{\mu\nu} \tag{2.15}$$

　ここでそれぞれ、リッチ・テンソル $R_{\mu\nu}$、計量テンソル $g_{\mu\nu}$（微小距離 $ds^2 = g_{\mu\nu}dx_\mu dx_\nu$）、リッチスカラー R、物質のエネルギー運動量テンソル $T_{\mu\nu}$、重力定数 G である。

　重力はユークリッド幾何学の平行線公理が成り立たない曲がった空間を作り出す。宇宙のスケールを a とすると、アインシュタインの重力方程式から、フリードマン方程式が得られる。

$$\frac{1}{2}\left(\frac{da}{dt}\right)^2 - \frac{GM(a)}{a} = -\frac{1}{2}Kc^2 \tag{2.16}$$

　ここで、G は万有引力定数、$M(a)$ は宇宙のスケール a 内に存在する質量、c は光速、K は定数である。$K > 0$ の場合、全エネルギーは負になり閉じた状態になる。$K =$

0 の場合は平坦な宇宙、$K < 0$の場合は全エネルギーが正になり開いた宇宙となる。いずれにしても重力場方程式から宇宙は膨張することがわかり、その始まりをビッグバンという。フリードマン方程式から、宇宙初期温度 T は、時間 t の関数として一意に決まる。

$$T\ (K) = \frac{1.5 \times 10^{10}}{g^{1/4} \sqrt{t}} \tag{2.17}$$

ここでgは超相対論的な粒子数補正（$T < 60$億 K, $g = 1.68$、60億 K $< T < 1$兆 K, $g = 5.38$）である。ビッグバン直後は、弱い相互作用を通じ陽子から中性子への遷移と逆遷移が起こる平衡状態で、陽子と中性子の存在比は、ボルツマンの関係式による熱平衡状態にある。

$$n_n/n_p = exp(-Q_n/kT_r) \tag{2.18}$$

Q_n は陽子と中性子の質量差で1.3 MeV（温度にして150億 K）である。$kT_r >> Q_n$ の時は陽子と中性子はほぼ同数あるが、温度が下がってくると中性子の数は減ってくる。ビッグバンから1秒後、宇宙の温度が100億 K（~ 0.86 MeV）まで下がると中性子と陽子の数の比は $n_n/n_p = 0.223$ まで下がる。そして弱い相互作用が作用しなくなる温度（~ 80億 K）以下では、陽子と中性子の比率は固定され $n_n/n_p = 0.157$、その後中性子は半減期12分のベータ崩壊により陽子にゆっくりと変わっていく。

陽子と中性子が高温状態にあれば、n + p → D + γ という反応で重水素原子核が形成されるが、重水素の束縛エネルギー（2.23 MeV）以上の高温（260億 K）では重水素は分解してしまう。この温度以下なら、原理的には陽子と中性子が反応を起こすことができる。しかし、初期宇宙に満ちている高エネルギーのフォトンによって重水素はすぐに壊されてしまう。このような高エネルギーのフォトンが十分少なくなるまで、宇宙は陽子と中性子が分離した状態を保つ。

ビッグバンから2分後には温度は10億 Kに下がり、高エネルギーのフォトンの数も減ってくる。陽子と中性子の比は、ベータ崩壊のため $n_n/n_p = 0.14$ となる。重水素が形成されるようになると D + D → ^{3}He + n 、^{3}He + D → ^{4}He + p によってHe原子核が作られる。残った中性子がほとんど全て^{4}Heになるため、^{4}He量は質量比で $m_{He} = 2n_n/(n_n+n_p) = 0.25$ となる。

宇宙における元素の生成は、ビッグバンから数分以内にヘリウムを作った段階でほぼ終了する。宇宙で観測される水素とヘリウムの存在比はほぼこの値に等しく、ビッグバン宇宙論の予測通りである。

第2章　エネルギーと物質

全宇宙エネルギー

　NASAによる宇宙の観測結果から、宇宙の年齢や性質が誤差5%以下の高精度で調べられた。すると現在の宇宙全部のエネルギーのうち、我々がわかっているのは、光と物質だけで、4%しかなかったのである。

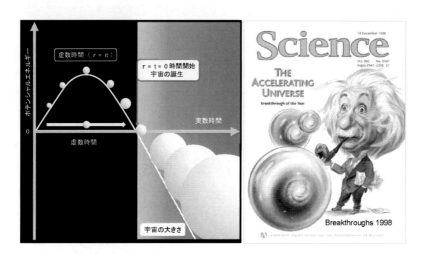

★　量子トンネル効果による宇宙の開始とダークエネルギーの発見

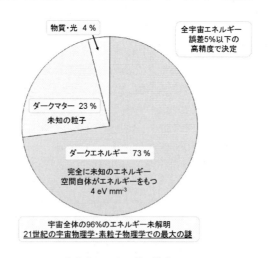

★　全宇宙のエネルギー構成

第2章　エネルギーと物質

　宇宙エネルギーの 23%が「ダークマター」と呼ばれる未知の粒子であった。さらに残り 73%は「ダークエネルギー」という全く未知のエネルギーである。つまり、宇宙全体の 96%は、未知のエネルギーなのである。これは、21 世紀の宇宙物理学の最大の謎となっている。

　ダークエネルギーは、1998年に超新星の観測から発見され、1998年科学界最大のブレークスルーと呼ばれる。ダークエネルギーは、宇宙全体にくまなく存在している、空間自体がもつエネルギーで、我々の体内にも存在している。宇宙は宇宙の開始から単に膨張しているのではなく、スピードアップしながら加速膨張していることがわかり、これはダークエネルギーの存在によると考えられた。

● アインシュタイン方程式

　ダークエネルギーの一候補として、アインシュタインが予言したアイシュタイン方程式（EFE）中の宇宙項が取り上げられている。この宇宙項は、負の圧力・反重力というユニークな性質をもっている。この反重力を示す宇宙項が、ダークエネルギーの候補の一つと言われている。

　この宇宙項は、アインシュタインが生前「生涯最大の失敗」と言っていたものであるが、亡くなってから40年以上も経てそれが見直されたのである。

　アインシュタイン方程式は、質量とエネルギーと時間と空間を規定する方程式で、左辺は、時空がどのように曲がっているのかを表す幾何学量（時空の曲率）であり、右辺は物質場の分布を表す。

$$R_{\mu\nu} - \frac{1}{2}g_{\mu\nu}R + \Lambda g_{\mu\nu} = \frac{8\pi G}{c^4} T_{\mu\nu} \tag{2.19}$$

Λ：宇宙定数　　　G：重力定数　　　c：光速　　　R：$R = g_{\mu\nu}R_{\mu\nu}$
$R_{\mu\nu}$：計量テンソルによる時空の歪を表すリッチテンソル
$G_{\mu\nu}$：時空の距離を規定する計量テンソル
$T_{\mu\nu}$：物質のエネルギーと運動量を表すエネルギー運動量テンソル

　テンソルとは、線形的な量または線形的な幾何概念を一般化したもので、基底を選べば、多次元の配列として表現できるものである。スカラーは零階のテンソル、ベクトルは一階のテンソル、計量テンソルは二階のテンソルである。

　アインシュタイン方程式は、万有引力・重力場を記述する場の方程式で、対象とする物理的現象は中性子星やブラックホールなどの高密度・大質量天体や、宇宙全

41

体の幾何学などである。星のような物質またはエネルギーを右辺に代入すれば、その星の周囲の時空の曲がり具合を予測できる式である。右辺の物質分布を定めれば左辺の空間の曲率が決まる。

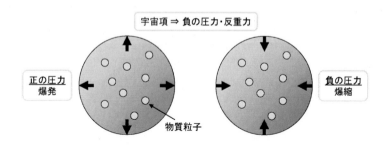

★ 宇宙項と負の圧力

コラム　世界物理年 2005

　1905 年、アルベルト・アインシュタイン(Albert Einstein)は、特許庁の役人で若干 26 歳の若さでありながら、5 つの論文を次々と発表し、学会・世界中の人々をあっと驚かせた。その中でも 3 つは、特殊相対性理論、光電効果、ブラウン運動と、ノーベル賞級の内容で、後に光電効果でノーベル物理学賞を 1921 年に受賞している。

　そして 2005 年は、アインシュタインの奇跡の年から 100 年ということで、アメリカ物理学会などが中心となり、世界物理年と定められ、数々のイベントなどが企画された。

　本書では、アインシュタインの人生観として、アインシュタインが残した数々の言葉の中から、人生や生命に有益と思われるものを、読みやすく形を変えながら改めてまとめてみた。アインシュタインが科学者としてだけではなく、思想家としても非常にユニークであると感じられる。これらを読んでいると、彼は物理学者というより、詩人・芸術家の風情さえ感じさせる。彼は幼少期から、エジソンなどと同様、学校には受け入れられず、大学でもあまり認められていなかった。しかしそのことが彼の才能を開かせるのに、逆に好都合だったのかもしれない。

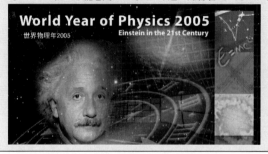

第3章

量子論

量子の世界

　量子（quantum）とは、1900年にマックス・プランクが発見・提唱した、物理量の最小単位である。我々の日常の感覚では、エネルギーや時間や距離などは滑らかで、とぎれとぎれの単位があるようには思えない。時間や距離をどんどん短くしていくと、どんどん小さくなり、最後には0になってしまうように感じられる。

　しかし極微小の世界になると、エネルギー、時間、長さにも、最小単位があるのである。量子力学では、エネルギーは滑らかに連続した値をとるわけではない。定常状態でのエネルギー固有値 E には最低の値があり、ある極微小範囲においては、離散的なとびとびの値をとるようになる。特に低温での熱的性質に、エネルギーの離散的効果が顕著に現れる。

　この最小限のエネルギーに関わる定数をプランク定数 h（6.626×10^{-34} J s^{-1}）という。プランクが光の最小単位として見出した値である。プランク定数 h を 2π で割った換算プランク定数 $\hbar$（1.05×10^{-34} J s^{-1}）も原子単位などでよく使われる。

　このような微細な世界では、量子のいろいろな不思議な効果が現れる。光や電子をみると、粒子と波の両方の性質をもっている。アインシュタインによる光電効果の発見である。この「波と粒子の二重性」は、量子の世界の一つの特徴である。

　また量子論の世界では、「観測問題」という、未解決のやっかいな問題がある。電子は雲のようにうすぼんやりと存在している。どこにいるかをきっちり決められない、不確定性原理という法則である。

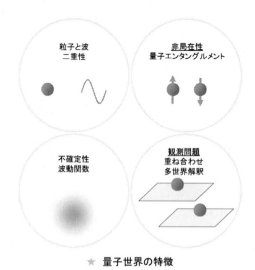

★　量子世界の特徴

44

第3章　量子論

　そのぼんやりとした電子を、人間が観察した瞬間に、ある一点にいることがわかる（収縮する）という、奇妙な現象が起こる。これをコペンハーゲン解釈という。しかしアインシュタインは、この確率的な解釈に反対していた。

　これとは別の考えもある。電子は多数の重ね合わせた世界に同時に存在し、観察しているのはその一つの世界だけという多世界解釈である。電子がこっちの世界ではAのエネルギーで、別の世界ではBのエネルギーをもっている。さらに別の世界ではCのエネルギーをもつ。まるでSFにでてくる、パラレルワールドのようである。超弦理論でもパラレルワールドがでてくる。この観測問題は、観測者自身の意識を取り込む可能性も否定できず、今後の行方を見守る必要がある。

　はなれた粒子同士が、お互いに関わっている、量子エンタングルメント（量子もつれ）つまり非局在性も量子の世界の特徴である。超伝導や量子テレポーテーションなどの現象として見ることができる。

波動関数とトンネル効果

　量子論では、粒子は明確な道筋にそって運動するのではなく、空間に波のように分布していると考えることで、物質の波と粒子の二重性があらわれる。この波を数学的に表したものが、波動関数 ψ プサイである。

　一次元でエネルギー E をもって運動している質量 m の粒子に対する、時間に依存しないシュレーディンガー方程式は次式のようになる。

$$-\frac{\hbar^2}{2m}\frac{d^2\psi}{dx^2} + V(x)\psi = E\psi \tag{3.1}$$

　ここで、$V(x)$は x におけるポテンシャルエネルギーである。

　波と粒子を両方同時に取り扱うには、次のド・ブロイの関係式を用いる。運動量pで動く粒子は、λ の波長をもつ。

$$\lambda = \frac{h}{p} \tag{3.2}$$

　エネルギー障壁の内部では、重い粒子の波動関数は軽い粒子のものより早く減衰する。したがって、次図に示すように軽い粒子の方が障壁をトンネル透過する確率Tがずっと高くなる。

　左から障壁に入射する粒子は振動する波動関数をもっているが、障壁の内部では（E＜Vの場合）振動しない。もし障壁がそれほど厚くなければ、波動関数は反対側の面においても0にはならないので、再び振動し始める。これは粒子が障壁を通過す

45

ることに相当する。波動関数の実成分だけを示してある。高くて幅広い障壁の場合 $\kappa L \gg 1$ となる。

$$T = \left\{1 + \frac{(e^{\kappa L} - e^{-\kappa L})^2}{16\varepsilon(1-\varepsilon)}\right\}^{-1} \tag{3.3}$$

$$T \sim 16\varepsilon(1-\varepsilon)e^{-2\kappa L} \quad (\kappa L \gg 1) \tag{3.4}$$

$$\varepsilon = \frac{E}{V}, \quad \kappa\hbar = \sqrt{2m(V-E)} \tag{3.5}$$

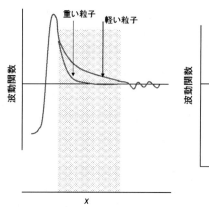
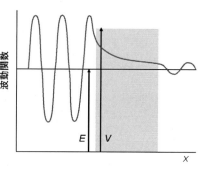

★ トンネル現象と波動関数の透過

量子状態と観測問題

　プランクの量子の発見に始まり、ハイゼンベルグ、ボーア、パウリ、ディラク、シュレーディンガーらにより、量子論の基本が完成した。この量子論の発展において、非常に重要な発見があった。
　ぼんやりした量子を観察すると、観察した瞬間に、はっきりとした量子の姿が現れる。このはっきりとした量子の姿は、もとのぼんやりした量子そのままの姿ではない。ぼんやりした量子状態のもとの情報の一部が失われている。出てきた量子の情報は、平均化された情報である。観察する前の、量子のぼんやりした真の姿はわからない。これが量子論の「観測問題」である。
　このぼんやりした可能性である量子状態（波動関数）から「原子でできた物質」への変換を数式で表したのが量子論である。この物質的存在は、時間と空間を分離させるはたらきがある。逆にいうと物質化する前の量子状態では、時間と空間の分離がない状態にある。

この観測問題に対する一つの考えとして、コペンハーゲン解釈がある。観察前の量子は、雲のようにうすぼんやりと存在し、そのぼんやりとした量子状態を意識をもつ人間が観察する。すると観察した瞬間に、今まで広がっていた量子が、ある一点に縮んでいく（収縮する）という、奇妙なことが起こる。装置の測定が途中にあっても、最終的な人間の意識による観察で、量子の収縮が起こるというのである。

量子論には、観測者、つまり見ている人の意識が必要であるという主張である。この考え方は、デンマークのコペンハーゲンにいたボーアが中心となって発展してきたので、コペンハーゲン解釈とよばれている。これをさらに発展させたのが、フォン・ノイマンであり、量子論では、量子の収縮を原理的に可能にするために、意識を入れることが必要であると主張した。意識を入れなければ、量子論は完全な理論にならないというのである。科学に意識をもちこむことには、多くの科学者が反対し多くの物理学者たちが、この意識を消し去ろうと試みてきたが、ことごとく失敗してきた。現在でも、コペンハーゲン解釈が、量子論の主流となっている。

量子論は、物質の世界ではなく、可能性の世界である。ぼんやりした可能性の中から、観察によって一つを選びだす。可能性から一つが選ばれ、観察者の意識のなかに物質として現れる。どのようにして選びだすのかは、まだわかっていない。この選択は、自由選択で、物理では決定できないものである。数学的にも、大きなギャップがある。ぼんやりした量子は、観察方法によってさまざまな状態で現れる。光を例にとると、波として観察されたり、粒子として観察されたりする。

観測問題を解決するために、他の方法も考えられてきた。多世界解釈、デコヒーレンス、隠れた変数などがある。これらには、それぞれ問題点もある。観測の途中に、量子ぼやけが収縮し、量子があらわれる現実化が起こるが、いつどのように、収縮がおこるのかがわからないのである。量子の収縮は、心の中で起こる精神的なものなのか。それとも、実際の物質の変化なのであろうか。いずれにせよ観測すると、実験の影響が必ず入ってしまう。数字の値がでてきても、自然のありのままの姿ではない。量子のありのままの状態を感じることができるのは、量子そのものしかないのかもしれない。

ノーベル物理学賞となった、シュレーディンガー、ボーア、パウリ、ジョセフソンたちが、量子論の最先端から、意識や生命との関係を説明しようと試みてきた。オックスフォード大学の著名な数学者ペンローズも、量子論から心を見ている。一方、ケンブリッジ大学のホーキング教授は、それに反対している。つまり、量子論はたんなる物理学のツールであり意識とは別物だという。もともと二人は、宇宙論をいっしょに研究していた。しかし意識については、考え方が異なるようである。物理学も心理学も深く研究していくと「観察」が大きなカギになっている。

非局在性と時空間

　量子論には、もう一つ「非局在性」という非常に大きな発見があった。これは量子論でも解明されていない、第二のブラックボックスである。非局在性をわかりやすい言葉で言えば、「距離に関係なくつながっている」ということである。そのつながりが全宇宙にまで広がっていて、たとえ宇宙の端と端でも、そのつながりが可能である。そのつながった状態を、量子エンタングルメントと呼ぶ。

　例えば、二つの粒子のうちの一つの粒子の物理的測定が、もう一つの粒子の状態を自動的に決めるということである。光の速さで届かない距離でも、このようなことが起こる。光の速さを超えているということで、相対性理論に合わないことになってしまう。アインシュタインとその共同研究者たちも、この奇妙な現象に理論的な面から気づいていた。そしてこれを「薄気味悪い遠隔作用」と呼んでいた。

　この非局在性は、ジョン・ベルにより理論的に説明された。ハイゼンベルグとシュレーディンガーが、量子論の数学を確立し、アインシュタインとボーアは、多くの重要な特性を明らかにした。量子論を最も深く調べたのは、ジョン・ベルだろうと思われる。ベルの定理から、この世界は、非局在性や全体性をもつことがわかってきた。つまり、「宇宙が全体的につながりあっている」ということがわかってきたのである。局在というのは、ある一か所に存在することである。逆に、非局在とは、どこにでも存在可能ということになる。

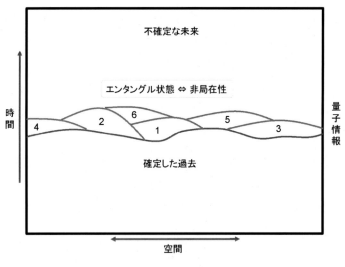

★ 時空間と非局在性

第3章　量子論

ベルの定理は、アスペたちにより実験的に証明された。理論的には、宇宙の端と端という無限に近い距離でもつながっている。しかしながら、どのようにして非局在性が起こるのかは、未だに明らかになっていない。ただつながっているという事実だけは、はっきりしているのである。ここには、未知の物理学が存在している。

具体的には、一つの場所で自由に選んだ情報が、遠くはなれた別の場所の情報を、光より速く同時に決定できることを示している。ただ物質や情報が、光の速さより速く移動することはできず、アインシュタインの相対性理論も満たしている。

● 量子テレポーテーションの原理

量子テレポーテーションとは、不確定性原理に逆らわずに、古典的な情報伝達手段と量子エンタングルメントの効果を利用して離れた場所に量子状態を転送すること（テレポーテーション）を実現することである。1993 年にチャールズ・ベネットらによって発表された。

たとえば光子 2 個があるとすると、量子エンタングルメントが起きればどんなに離れていても光子同士は全く同じ状態になる。2 つの光子は何らかの関連をもっており、測定によって 1 つの光子の偏光が同一と分かるのが量子もつれの大きな特徴である。しかし、量子力学においてアインシュタインの相対性理論に反することはできず、光速をこえる移動は不可能であり、光子は離れた場所のもう 1 つの光子に情報を伝達するわけではない。量子テレポーテーションの秘訣は、量子エンタングルメント状態の光子対を補助的に使うことである。

テレポーテーションでは、粒子が空間の別の場所に瞬間移動するわけではない。量子エンタングルメントの関係にある 2 つの量子のうち一方の状態を観測すると瞬時にもう一方の状態が確定するためテレポーテーションと呼ばれるが、物質や情報を、光速を超えて移動させているわけではない。

古典的な情報転送の経路を俗に古典チャンネルなどと言うことに対し、量子エンタングルメントによる転送をアインシュタイン・ポドルスキー・ローゼン (Einstein-Podolsky-Rosen: EPR) チャンネルと呼ぶ。古典チャンネルでは任意の量子状態を送ることはできず、量子状態を送るには系自体を送信するか、量子テレポーテーションを用いる必要がある。

ここで、2量子間の量子エンタングルメントを考える。これは、1935年にアインシュタインらによって提案された遠距離間の量子対（EPRペア）に対応する。このEPR相関は、原子核AとBのEPRペアが存在するとき、Aの運動量Pを検出した瞬間、たとえ宇宙の果てまでBが離れていても運動量が$-P$になるという非局所的相関現象であ

る。不確定性原理から物質のテレポーテーションは困難と考えられていたが、1993年に2次元量子テレポーテーションが可能であることが理論的に指摘された。

$$|\psi_{12}\rangle = \frac{1}{\sqrt{2}}(|\uparrow 1\rangle|\downarrow 2\rangle - |\downarrow 1\rangle|\uparrow 2\rangle) \tag{3.6}$$

密度行列で表したときの非対角項は、波動関数の位相の情報（量子コヒーレンス）を含む。さらに無限次元量子テレポーテーションとして拡張された理論が提案され、実験可能な形に定式化され、この量子エンタングルメントに基づく量子テレポーテーションが実際に測定された。

量子テレポーテーションの実験

1997年にインスブルック大学およびローマ大学のツァイリンガーらのグループが初めて離散変数の量子テレポーテーション実験を成功させた。彼らの実験はある条件を満たすときに、テレポーテーションが起こるものであった。1998年、カリフォルニア工科大学のグループが、無条件の連続変数の量子テレポーテーションに成功した。2004年には、古澤らが3者間、2009年には9者間での量子テレポーテーション実験を成功させた。これらの実験の成功により、量子を用いた情報通信ネットワークを構成できることが実証された。

量子テレポーテーションの準備として、送信局の測定室に移動させたい物質をいれ、隣のチューブ型の部屋にはその物質と同じ補助物質を用意する。一方、受信局にも補助物質があり、送信局と受信局の補助物質は量子エンタングルメント状態になっている。移動させたい物質と補助物質を同時に測定すると、両者を構成している量子の元々の状態が壊れ、ランダムな状態になる。アインシュタインが指摘した「テレパシー」効果によって、遠く離れた受信局の補助物質も瞬時に送信局と同じ状態になる。同時測定の結果は電話や郵便などの在来の通信手段によって受信局に送られる。この場合、送信速度は相対性理論より光速を超えることができない。このため物質を瞬時にテレポーテーションするのは不可能である。送信された測定結果に基づいて、受信局側の原子や分子の量子の状態が送信局側と同じになるように調整する。この結果、原子や分子の状態で見る限り、送信局にあった物質とまったく同一の複製が受信局に出現する。このように量子テレポーテーションは成立し、2004年には、Ca、Be原子間の量子テレポーテーションまで実現された。最近では、光の情報Cs原子にテレポートさせるのに成功したことが、ネイチャーに報告されている。この量子テレポーテーションは将来的な量子情報通信や量子コンピュータの原理となるものとして期待される。

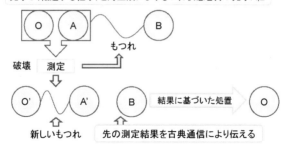

★ 量子テレポーテーション

人間の量子テレポーテーション

　量子テレポーテーションを利用して、SF のように宇宙ロケットを宇宙空間から別の宇宙空間へワープさせ宇宙旅行をしたり、人間だけをテレポーテーションさせることができるだろうか。宇宙ロケットの場合、送り手と受け手があれば「宇宙ロケット」だけならテレポーテーションができるかもしれない。しかし、中の人間は肉体を構成する複製品を受け手で再構築できる可能性はあるが、意識まで送信できるかどうかはわからない。現在、人の意識は解明されておらず、量子状態と意識のかかわりがわかっていないからである。

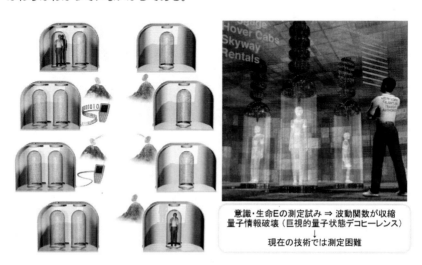

★ 人間のテレポートは可能か？A. Zeilinger, Sci. Amer. 282, 32 (2000)

現実的にはテレポーテーションの実現には多くの障害がある。それは量子テレポーテーションの対象になるのは量子の性質を持っていることであり、量子状態は壊れやすいということである。また、光子は空気中の気体分子などと反応しないので量子状態が壊れる心配がないが、原子やもっと大きな粒子の場合、空気との相互作用を防ぐため真空にする必要がある。さらに物体が大きくなるほど、量子状態は乱れやすくなる。小さな物体の塊でも、表面からの熱放射によって量子状態が乱れてしまう。人間の量子テレポーテーションについては「ノー・クローニング理論」によって否定している見解もある。

ボース・アインシュタイン凝縮体

通常、室温程度の高温では、ボース粒子もフェルミ粒子も識別可能な古典粒子として振舞う。ここでフェルミ粒子（フェルミオン）とは、パウリの排他原理に従って振る舞う粒子で、2つのフェルミ粒子は同じ場所でまったく同じ量子状態にあることはできない。電子、陽子、中性子などがフェルミ粒子である。

一方、ボース粒子（ボソン）は、集団的に振る舞う粒子で、同じ種類のボソンは機会があれば同じ状態になろうとする。光子（フォトン）はボース粒子である。フォトンがコヒーレントになったのがレーザー光である。原子のような複合粒子はボース粒子かフェルミ粒子のいずれかになる。陽子、中性子、電子の合計が偶数の原子はボース粒子となる。

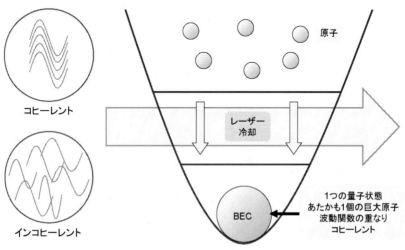

★ コヒーレントな波動とボース・アインシュタイン凝縮体

第3章 量子論

　温度が下がり、粒子の熱的ド・ブロイ波長が粒子間隔程度になると、同種粒子は識別不能になり、ボソンは凝縮する。ボース・アインシュタイン凝縮（BEC）は、図のようにボソンが、極低温で波動関数が広がりお互いに重なり合い、すべて同一の量子状態にある現象である。このボース・アインシュタイン凝縮体は $10\mu m$ と非常に大きく、人間の細胞程度の大きさにもなり、量子力学的な挙動を実際に見ることができる。粒子数 N で同じ状態を占める確率は、$2N/(N+1)$ 倍となる。

　光凍結のためには、巨視的レベル量子現象の BEC が必要となる。類似した現象として超伝導や超流動が発見されていたが、理想的なボース気体による BEC は、1995年に Cornell らにより達成され、2001 年度ノーベル物理学賞となっている。

　波動関数 Ψ_i の N 個の粒子が同じ量子状態にある場合、波動関数 Ψ_{BEC} は次のように表される。

$$\psi_{BEC} = \prod_{i=1}^{N} \psi_i$$

(3.7)

　理想的なボース気体（粒子数 N とする）においては、BEC の転移温度は、体積 V が一定であるとして、

$$T_{BEC} = \frac{2\pi\hbar^2}{mk_B}\left[\frac{N}{\zeta(3/2)V}\right]^{2/3}$$

(3.8)

となる。ここで、h はプランク定数、k_B はボルツマン定数、m は粒子の質量で、リーマンゼータ関数 $\zeta(3/2)=2.612\cdots$ である。また、BEC 状態になった粒子の数 N_{BEC} は、

$$N_{BEC} = N\left[1 - \left(\frac{T}{T_{BEC}}\right)^{3/2}\right]$$

(3.9)

となる。上式で温度 T が転移温度以下になると、BEC の粒子の数が増えていき、$T = 0$ K で全ての粒子が凝縮状態となる。しかし超流動では、低温にしても凝縮状態は約一割である。

　このような BEC の関連する系としては他にも、レーザー、超伝導、超流動ヘリウム、励起子などがある。レーザー光は、ボソンである光子が同一の量子状態に集まる特性を利用して、光の波の位相がそろったものである。超伝導及び超流動ヘリウムは、電子対及びヘリウム原子がボース凝縮した現象であり、励起子はホール─電子のペアがボース凝縮した現象である。通常の物質は半整数のスピンを持つフェルミ粒子からできているが、スピンをボース粒子のように整数にすればフェルミ凝縮する。この方法が 2003 年に発見された。

53

ホログラフィック原理

　通常知られているホログラムは、コヒーレントな光（レーザー光線）が作り出す3次元立体像である。レーザーを被写体に照射して参照光と干渉させフィルムに撮影する。フィルムには干渉稿しか見えないが、このフィルムに参照光を照射すれば、鮮明で完全な3次元立体像が現われる。どの方角から見てもこの立体像は完全である。ガボールによるホログラフィの発明は、1971年のノーベル物理学賞となった。

　ホログラフィ理論とは、ある時空領域の系の量子状態は、その領域の境界面の上にコード化されているという理論である。上で述べたホログラムは、普通の写真とはまったく異なり、2次元であるプレートの表面において、表面のどんな小さい断片でも、全体の3次元イメージを再生するのに必要な情報がすべて含まれている。つまり、①高次元記録再生、②部分が全体内蔵、という驚くべき性質をもっている。

　これを宇宙全体にまで拡張した、ホログラフィック原理は、1999年のノーベル物理学賞受賞者である Gerard 't Hooft が1993年に提唱した概念である。ホログラフィック原理によれば、宇宙は一枚のホログラムとして説明可能である。通常のホログラムにおいては3次元空間の情報が2次元平面内に記録されている。それと同様に、通常の空間における3次元物理過程が極遠方の巨大な2次元境界面にコード化されて記述される。さらに我々の住む宇宙は時間を加えた4次元系であるため、宇宙空間内のすべての情報が3次元境界面に記録されていることになる。つまり全宇宙空間内の全時間情報（過去から未来まで）の情報が、3次元境界ホログラムに記録されているというのである。

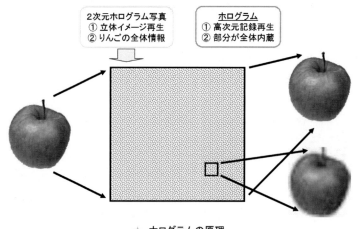

★　ホログラムの原理

ホログラフィック原理による特定領域が含む情報量の上限を提案したのがSusskind
であり、ホログラフィック限界と呼ばれている。半径 R cmの空間領域のホログラフ
ィック限界 I_{HB} は、次の式で与えられる。

$$I_{HB} \leq \frac{\pi R^2}{l_p^2} = 1.21 R^2 \times 10^{66} \tag{3.10}$$

ホログラフィック限界のサイズと情報量の関係を図に示す。さらに、Bekensteinの
提唱する普遍エントロピー限界は、次式で表される。

$$I_{UEB} \leq \frac{2\pi ER}{hcln2} \tag{3.11}$$

これは全エネルギー E を半径 R cmに含むときの情報 I の限界値である。このことか
ら空間自体に、原子からなる物質よりはるかに多くの情報が含まれることがわかっ
てきた。今後の発展が期待される。

コラム　　　　神経ホログラム

　ホログラムの二つの重要な特性が脳内情報処理に類似していると考えられる。つまり、レ
ーザー光がホログラムのほんの小さな一部だけを照射した場合でも、細かいところはいく
ぶん不鮮明になっているが、観察者は完全な 3 次元像を見ることができ、さらに、感光板のど
の小部分でもレーザー光を照射すれば、情報密度は低下しているが、3 次元物体の全体像
を再現する。

　ホログラムの研究は、脳機能はどの程度特定の解剖学的部位に隔離されているのか、脳
の全機能が大脳皮質全体に拡散している割合はどうか、といった神経生理学上の根本問題
を考える上で役に立つ。このモデルは、局所化された諸機能と、脳の他の領域全体に記憶さ
れている特定化された情報のもつ流動性の両面を、説明してくれる。またホログラムは、脳機
能が潜在的に個々の脳細胞すべてに分布されているという神経生理学的モデルにもつなが
る。

　全体の情報が個々の従属的諸部分にコード化されている点は、DNA から RNA にいたる
有機体全体のすべての遺伝子情報が、その有機体のどの単一細胞の核にも含まれコード化
されているという点と類似している。

　プリブラムの理論では、記憶は二段階の過程で機能している。音、香り、イメージといった
刺激が個人の短期的記憶に弾みを与えると、連想によって長期的記憶が引きだされるまで
脳が貯えているホログラム集合体をとおして共鳴する。この直接感覚的刺激と貯蔵記憶の断
片との照応が、貯蔵記憶全体の再現につながる。

　直観像能力を有する人々は、記憶ホログラムのきわめて広い領域に接近することができる
ものと考えられる。彼らは、コヒーレントな心的レーザーの働きによる集中的注意力を発達さ
せ、非常に正確に詳細な情報を再構成できると考えられる。

第3章　量子論

コラム　　量子論と生命

　我々の毎日の生活には、物理法則はとても役立っているが、この物理法則は、「人生の意味」について、何も教えてくれないように思われていた。しかし、量子論は「人間の選択」を物理学にとりいれてきた。量子論はもともと、心理物理学的なもので、意識は、心理学的な言葉と、数学的な言葉であらわすことができ、その数学的な言葉が量子論なのである。

　宇宙をありのままにみるには、科学の統合が必要になる。量子論は、数学的にも論理学的にも、原子から宇宙、そして生命から意識まで、科学をまとめてくれる役割を果たしてくれそうである。量子論からみると、人間は、単なる物質的な原子集合体ではなく、非局在的に宇宙につながる統合体である。宇宙が量子論に従うとすると宇宙はアイデアのようなものとなる。

　このことは、何を意味するのか？宇宙全体は、物質というよりも情報であり、さらに意識的な量子状態ですべてがつながっているということになる。つまり人間は、進化する宇宙に関わり、人間の意識が宇宙の進化を左右し、意味をあたえているのである。

　人間の意識と宇宙全体のつながりの一例にガイア仮説がある。これは地球を「巨大な生命体」とみる仮説で、1960 年代に、NASA で働いていた大気学者であるラブロックが提案した仮説である。地球と生物の関わりあいを示した理論で、お互いに自分と相手をよりよく保とうとし、地球全体の環境を形づくっていることを示したものである。最初は、この理論に反対する人もいたが、徐々に賛同する人も増えてきて、会議も開かれるようになってきた。このようなガイア仮説も、量子論の非局在性によって、おたがいのつながりを説明できるようになってくる。

　実際に我々の意識や行動は、地球環境に大きく影響している。我々の意識は、脳、身体、行動、そして周りの環境まで変えていく。地球は、我々を含む多くの生命体の「融合体」といってもよさそうである。

コラム　　心のエネルギーの物質化

　心は、エネルギーをもっている。心がエネルギーに満ちあふれると、うきうきした気分になるし、エネルギーがないと落ち込んだ気分にもなる。はっきり目に見えるものではないが、「心のエネルギー」というものがあることは、読者の方々も実感されているのではないだろうか。この心のエネルギーとは、物理学のエネルギーと同じものなのだろうか？

　原子核だけの密度を考えてみると約 10^{17} kg m^{-3} となる。この密度を、エネルギーに変換してみよう。相対性理論による $E = mc^2$ の m のところに密度を代入すると、エネルギー密度は約 10^{34} J m^{-3} ($= 10^{25}$ J mm^{-3}) となる。この 10^{25} J mm^{-3} の高いエネルギー密度があれば、われわれが今住んでいる宇宙では、エネルギーが自然に物質化するものと考えられる。

　これだけ高いエネルギー密度を作るのは大変である。たとえ大きなエネルギーを作り出せても、それを一点に集中させなければならないからだ。われわれの宇宙で、これだけ高いエネルギー密度をもつものはほとんどない。というのもふつうは、この原子核の周囲に電子があり、密度が小さくなっているからだ。ただ、ブラックホールや中性子星などでは、これに近い密度になっている。もし心のエネルギーを、これだけのエネルギー密度でしぼり込める人がいれば、物質化現象も可能になりそうだ。

56

第4章

太陽エネルギー

国際宇宙ステーション

　国際宇宙ステーション（ISS）は、地上400 km上空に建設された巨大な有人実験施設である。秒速7.7km（時速27700km）で地球の周囲を1周約90分で回りながら一日16周し、実験や天体の観測などを行っている。1999年から軌道上での組立が開始され、2011年7月に完成した。運用期間は2020年までが検討されていて、総費用は約12兆円で人類史上最も高価なプロジェクトである。

　ISSの電力源は太陽電池で、トラスに設置された太陽電池から、130～180 Vの直流電力が供給される。電力は直流160 Vに安定化されて分配され、さらにユーザーが必要とする124 Vの直流に変換される。太陽電池パドルは、太陽エネルギーを最大にするために、常に太陽を追尾する。パドルは面積375 m²、長さ58 mで、回転させることによって各々の軌道で太陽を追跡し、最大発電電力は約120 kWである。夜間には、太陽電池パドルを進行方向に向け空気抵抗を減らし高度の低下を抑える。

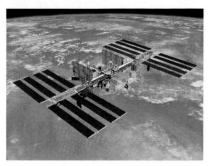

★ 国際宇宙ステーション（ISS）

砂漠で太陽光発電

　人間活動で1年間に消費するエネルギー量は全世界で14 TWで、地球に40分間降り注ぐ太陽エネルギー量に等しい。仮にゴビ砂漠に、市販の太陽電池を敷き詰めれば、全人類のエネルギー需要を満たす発電量が得られる。

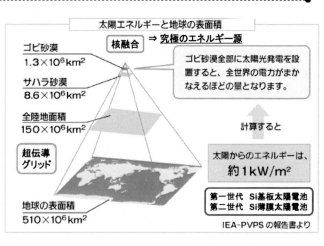

★ 太陽エネルギーと地球の表面積

デザーテックは、太陽熱発電や風力発電を使い砂漠で電力を生み出し、その電力を消費地に送電することを促進するもので、Desertec Foundation が推進している。再生可能エネルギーの分野の科学者、専門家、政治家の国際的ネットワークがデザーテックのネットワークの中核である。サハラ砂漠の 17,000 km² に集光型太陽熱発電システム、太陽光発電システム、風力発電システムを分散配置し、電力はスーパーグリッドの高圧直流ケーブルでヨーロッパおよびアフリカ各国に送電される。

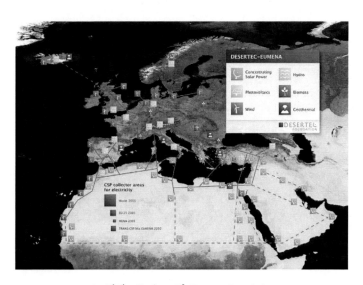

★ デザーテックマップ　Desertec Foundation

太陽エネルギー計画

米国では化石燃料への依存から脱却するため、太陽光エネルギー発電への大掛かりな転換がソーラーグランドプランとして提案されている。米国には太陽光発電施設の建設に適した土地は、南西部だけでも65万 km²もあり、その太陽光エネルギーを2.5%を電力に転換すれば、米国の総消費量をまかなえる。太陽光発電に切り替えるには、広大な土地を太陽電池モジュールと集熱トラフで覆い、直流送電線を敷設し全土に効率的に送る必要があるが、技術的には可能である。2050年までに米国の電力需要の69%、輸送を含む総エネルギー需要の35%を太陽光発電でまかなう。価格も従来通りの 5セント/kWhで供給できると考えられ、風力、バイオマス、地熱エネルギーにより、2100年には再生可能エネルギーで国内の電力の100%、総エネルギーの90%をまかなえるという。

第4章 太陽エネルギー

重要な ファクター	2007	2050	必要な進展
土地面積	26 km²	80,000 km²	広大な公有地の開発
薄膜 モジュール 効率	10 %	14 %	・光透過を高める高透明性の材料 ・電圧出力を高める高ドーピング密度の層 ・モジュール大型化、発電寄与面積率向上
設置コスト	$ 4 / W	$ 1.20 / W	・モジュール効率の改善　・大量生産
電力価格	16 c / kWh	5 c / kWh	設置コスト低減
全体の性能	0.5 GW	2,940 GW	ソーラー発電を柱とする国家エネルギープラン

米国の化石燃料消費量

石油（億バレル） 69　109　43
天然ガス（100億m³） 62.9　100　32.3
石炭（億トン） 12　19　5.0

米国の排出量

CO_2（億トン） 61　94　23

○ 2007
○ 2050（現在の状況が続いた場合）
● 2050（ソーラーグランドプランが実現した場合）

★ 米国のソーラーグランドプラン

● 再生可能エネルギー普及予測

　1992年ドイツ連邦政府により、地球環境問題の分析機関としてWBGUが設立され、世界的な変化を評価研究する役割を負っている。その2100年までのエネルギービジョンでも、やはり再生可能エネルギーが90%と高い割合を示している。

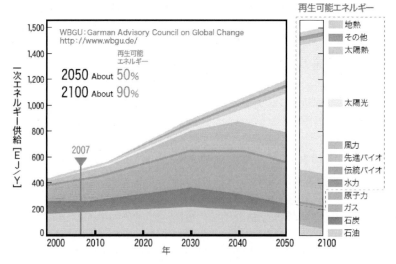

★ 2050年に向けた再生可能エネルギーの普及予測（ドイツ）　地球環境 No. 9 (2008)

地球環境にやさしいエネルギー

　地球環境にやさしいエネルギーとして、3Eの調和を実現する様々な再生可能エネルギーが提案されている。その中でも太陽光発電は、様々な長所と短所があるものの、小面積でも発電可能なスケールメリットを活かし、急速に発展している。

★　地球環境にやさしいエネルギー

長所
1. エネルギー源が無料で無限
2. 環境に対してクリーン(排出物無し)
3. 機械的可動部なく無音
4. 無人運転可能・メインテナンス容易
5. 長寿命(単結晶Si：30年、a-Si：10年)
6. 土地の多重利用・どこでも設置可能

短所
1. 一般電力より高単価
2. 天候、時刻、季節により出力激変
3. エネルギー出力密度小さい

★　太陽光発電の特徴

★　大面積及び小面積太陽光発電

第4章 太陽エネルギー

太陽光と地球

太陽エネルギーが地球に届く様子、太陽光スペクトル、日本の日射量を図に示す。大気圏外の太陽光スペクトルをAir Mass 0 (AM-0)といい、大気中のH_2OやO_2によって光吸収・散乱された後の垂直入射の地表上の太陽光スペクトルをAM-1という。実際はさらに、太陽光の角度が90度以下で、AM-1.5により、太陽電池を評価することが多く、空気層を1.5倍長く通る基準である（太陽高度42度）。

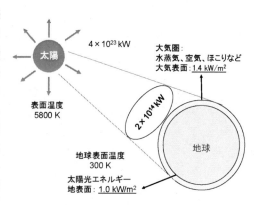

★ 太陽から地球へのエネルギー

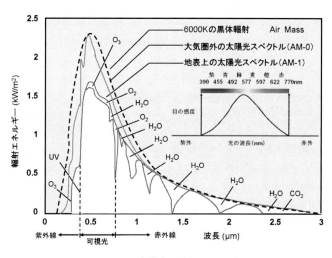

★ 太陽光スペクトル

太陽表面の温度が5800 Kで、人間の目は太陽光エネルギー分布の最大波長で最も敏感になるように進化したと仮定すれば、目が最も敏感な光の色（波長）が、温度と光放出が最大になる波長λ_{max}はとして、次のウィーンの法則により計算できる。

$$\lambda_{max} T = \frac{hc}{5k} \tag{4.1}$$

62

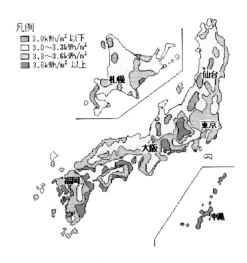

★ 日本の平均日射量　NEDO

　日本の平均日射量は、図に示すようになり、南地方、太平洋側などが多い。北海道の一部も梅雨がないため日射量が多い地域があり、太陽電池が設置されている。

太陽光発電システムの展開

　新エネルギー・産業技術総合開発機構（NEDO）が、2009年にPV2030+を策定した。これは、太陽光発電の明確な技術開発目標の設定、新たな技術開発課題の提言、太陽光発電普及への課題の抽出など、2050年までの日本の太陽光発電の進むべき道を示したロードマップである。2050年には、40%の変換効率をもつ太陽電池モジュールの開発完了が目標で、現在の10%台の変換効率から大幅な上昇が必要となる。また現状の太陽光発電のコストは、1 kWhあたり40円程度であり、2020年に14円 kWh^{-1}、2050 年には 7円 kWh^{-1} 以下を目指している。

　この太陽電池の発電コストが、既存の電力のコストと同じ価格になる時を、グリッドパリティという。NEDOでは、家庭用電力（23円 kWh^{-1}）と同等になることを第一段階グリッドパリティ、業務用電力（14円 kWh^{-1}）と同等になることを第二段階グリッドパリティ、汎用電源（7円kWh^{-1}）と同等になることを第三段階グリッドパリティと定義している。

第4章 太陽エネルギー

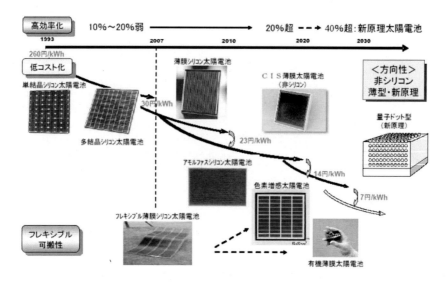

★ 太陽光発電システムの展開　資源エネルギー庁

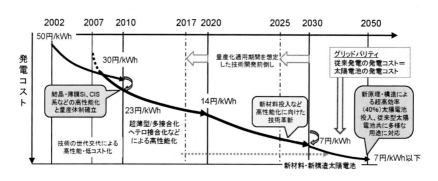

★ 太陽光発電システム開発に関するロードマップ PV2030+

エネルギーペイバックタイム

　エネルギーペイバックタイム（エネルギー回収年数）とは、エネルギー（ここでは電力）を生産する設備の性能を表す指標である。特定のエネルギー設備に対して投入した全エネルギーを、その設備からのエネルギー生産で回収できる運転期間である。発電所や省エネルギー設備などのライフサイクルアセスメントに用いられる。発電システムのコストにより大きく変わってくる。

現在の太陽電池価格では、エネルギーペイバックタイム（EPT）は約2年で、二酸化炭素(CO_2)排出原単位は約45 gである。ここで、CO_2排出原単位とは、1 kWhの電気を発電したときのCO_2排出量である。

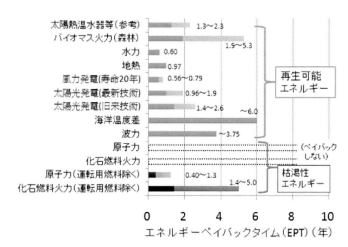

★ エネルギーペイバックタイム　環境工学研究所 WEEF

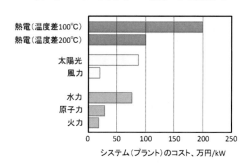

★ 発電システム（プラント）のコスト

スマートグリッド

従来発電に、自然エネルギー発電が加わった際に、発電電力量の平均化が必要となる。スマートグリッドは、電力の流れを供給・需要両方から制御・最適化できる送電網である。発電設備から末端の電力機器までを、電力制御ネットワークで結び合わせ、自律分散的な制御方式を取り入れる。電力網内での需給バランスの最適化調整を行うことを目的としている。

第4章 太陽エネルギー

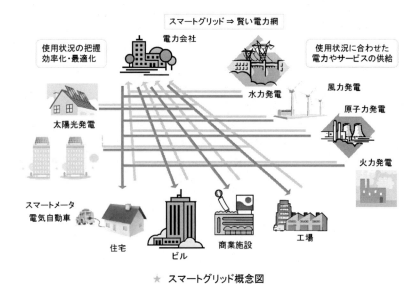

★ スマートグリッド概念図

メガソーラー

　大規模発電所は、ソーラーファームやソーラーパークと呼ばれる。特に出力が1 MW以上の施設は、メガソーラーと称される。火力発電所、原子力発電所に比べ、メンテナンスが容易、建物屋上にも設置できる利点から電力会社以外の一般企業や自治体が、売電用や自家発電用に太陽光発電設備を設置し始めている。原子炉一基は、1 GWの出力であり、これに匹敵しうるギガソーラーが今後の課題である。次表に示すように世界的にも日射量が多く広大な土地がある地域に、多くのメガソーラーが急速に建設され始めている。

★ 堺市メガソーラー発電施設（28 MW）　関西電力・金沢駅バスターミナルシースルー薄膜 a-Si 太陽電池（110 kW）㈱カネカ

第4章　太陽エネルギー

★　世界のトップ太陽光発電施設（2015年および2011年の比較）

発電規模 (MW)	材料	発電設備名称 Solar PV Power Plants	場所・国	完成年
579	c-Si	Solar Star I and II	USA	2015
550	CdTe	Topaz Solar Farm	California, USA	2014
550	CdTe	Desert Sunlight Solar Farm	California, USA	2015
320	c-Si	Longyangxia Dam Solar Park	Qinghai, China	2013
292	c-Si	California Valley Solar Ranch	California, USA	2013
290	CdTe	Agua Caliente Solar Project	Arizona, USA	2014
266	c-Si	Mount Signal Solar	California, USA	2014
224	c-Si/CdTe	Charanka Solar Park	Gujarat, India	2012
207	c-Si	Mesquite Solar project	Arizona, USA	700 MW 建設中
200	c-Si	Huanghe Hydropower Golmud Solar Park	Qinghai, China	2011
200	c-Si	Gonghe Industrial Park Phase I	China	2013
200	c-Si	Imperial Valley Solar Project	California, USA	2013

発電規模 (MW)	材料	発電設備名称 Solar PV Power Plants	国	実施機関	完成年
105.56	c-Si	Perovo Solar Power Station	ウクライナ	Activ Solar	2011
92	CdTe	Sarnia	カナダ	Enbridge	2010
84	c-Si	Montalto di Castro	イタリア	Sunpower	2011
83	c-Si	Finsterwalde	ドイツ	Q-Cells	2010
82.65	c-Si	Ohotnikovo Solar Power Station	ウクライナ	Activ Solar	2011
78	c-Si	Senftenberg II & III	ドイツ	Saferay (Canadian Solar)	2011
71	CdTe	Lieberose	ドイツ	Juwi Solar (First Solar)	2011
70	c-Si	Rovigo	イタリア	First Reserve (Canadian Solar)	2010
60	c-Si	Olmedilla de Alarcón	スペイン	Nobesol Levante	2008
55	CdTe	Boulder City	アメリカ	Sempra Generation (First Solar)	2010
42.95	c-Si	Starokozache Solar Power Station	ウクライナ	Activ Solar	2012
31.55	c-Si	Mityaevo Solar Power Station	ウクライナ	Activ Solar	2012
13	c-Si	扇島太陽光発電所	日本	東京電力	2011
10	c-Si	堺太陽光発電所	日本	関西電力	2010
10	c-Si	米倉山太陽光発電所	日本	東京電力	2012
7.5	c-Si	メガソーラーたけとよ	日本	中部電力	2011
7	c-Si	浮島太陽光発電所	日本	東京電力	2011
5.21	c-Si	シャープ 亀山工場	日本	シャープ	2006
5.02	c-Si	稚内メガソーラー発電所	日本	NEDO	2007

コラム　アインシュタインの人生観－心

★　心は時として、知識を超えた高みに上がる。すべての偉大なる発見は、そのような飛躍を経たものだ。

★　想像力は、知識よりも大切だ。知識には限界があるが、想像力は世界を包み込む。

★　自分の目でものを見、自分の心で感じる人間がいかに少ないことか。

★　知識は二つの形で存在する。一つは、本の中に生命のない形で。もう一つは、人の意識の中に生きている形で。後者こそが本質的なものだ。前者は絶対必要であるように見えるが、たいしたことはない。

67

第4章　太陽エネルギー

> **コラム**　　　　　　　　人間原理
>
> 　人間原理は、「我々が存在するから、現在の宇宙が認識されている」という主張であり、森羅万象を予言する究極の統一理論に真っ向から反対する考え方で、自然科学に用いることについては論争がある。しかし多くの科学者は、弱い人間原理を認めている。
> 　現在我々は、ダークエネルギー密度が物質エネルギー密度を上回るようになった、宇宙の進化において最初で最後という非常に特殊な時間的位置にいる。この解釈として現時点では二つの説が考えられている。第一は単なる偶然だという考え方である。第二はノーベル物理学賞受賞者である Steven Weinberg が唱えるように、このような特殊な時期だからこそ我々人間が存在できるという「弱い人間原理」の考え方である。
> 　弱い人間原理によれば、現在の宇宙の年齢は偶然ではない。ビッグバンから 170 億年たった現在、我々が生存している理由を説明できる。宇宙が若すぎれば、恒星内での核融合によって生成される重元素（炭素、酸素、窒素など我々の身体の構成元素）は、十分な量存在することができない。逆に宇宙が年をとりすぎていれば、星が燃えつきてしまい惑星系が変化し、我々も存在できない。このように宇宙の構造を考える時、人間の存在という偏った条件に基づく考え方を「弱い人間原理」という。
> 　さらに、知的生命体が存在できない宇宙は観測できない、よって宇宙は知的生命体が存在できる構造をしていなければならない、という「強い人間原理」がある。量子重力理論の候補として期待される超弦理論は、宇宙創生後のインフレーション期に宇宙が多重発生し、並行宇宙が形成された可能性を指摘する。この無数の並行宇宙は、それぞれ異なった物理定数・宇宙定数を持ち、その中でも、知的生命体（人間）が存在する宇宙だけが認識されるという考え方が「強い人間原理」である。
> 　この概念は、自分自身の存在が、宇宙の存在を決めているということになり、宇宙物理学の中でも最終手段と呼ばれている。

> **コラム**　　　アインシュタインの人生観－物理学
>
> ★　もしこの宇宙からすべての物質が消滅したら、時間と空間のみが残ると、かつては信じられていた。しかし、相対性理論によれば、時間と空間も、物質とともに消滅する。
> ★　すべての物理学の理論は、数式は別にして、「子供でさえも理解できるように」簡単に説明すべきである。
> ★　私たちは、いつかは今より少しは物事を知っているようになるかもしれない。しかし、自然の真の本質を知ることは決してないだろう。
> ★　もしあなたが理論物理学者から、彼らの使っている方法について何かを見つけ出したいのなら、一つの原則にしっかりとしがみつくようアドバイスする。「彼らの言葉は聞くな、彼らの行動に注意を向けよ。
> ★　私の残りの人生において、光が何であるかを熟考したい。

第5章

太陽電池基礎

発光と光吸収

半導体に、バンドギャップ E_g 以上のエネルギーをもつ光を照射すると、価電子帯の電子が、光のエネルギーを受け取り、エネルギーの高い伝導帯へ移動する。価電子帯の電子が抜けた穴はホールとなり、光があたると次々と電子とホールが生み出され流れて電流となる。光のエネルギーと波長には以下の関係があり、フォトン1個のエネルギーに対応する。

$$E = h\nu = \frac{hc}{\lambda} \qquad E_g \text{ (eV)} = \frac{1240}{\lambda \text{ (nm)}} \qquad (5.1)$$

逆に伝導帯の電子が、価電子帯へ落ちてホールと結合して消滅すると、E_g のエネルギーを持つ光が出てくる。実際には、ドーピング（電子濃度またはホール濃度をふやしたもの）を行って、pn 接合という界面構造を形成し、効率よく発電・発光させる。このように半導体には、光を電気に変える太陽電池や、逆に電気を光に変える光機能デバイスとして発光ダイオードやレーザーなど、さまざまな応用がある。

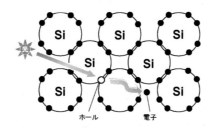

★ 光によってSi原子の電子が励起され電子とホールが生成

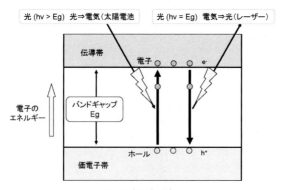

★ 発光と光吸収

太陽電池の基本構造

太陽電池に光があたると図に示すように電子とホール(正孔)が生成し、電子は n 型Siへ、ホールは p 型Siへ移動し、外部に電流が流れる。

太陽電池において、「フェルミ準位の一致」と「内部電界によるバンドの傾き」が重要となる。n型半導体とp型半導体では、バンドギャップ間のフェルミ準位E_Fの位置が異なる。しかし、pn接合により接触させると、フェルミ準位は一致するため、内部電界によりバンドの傾きが生じる。このバンドの傾きにより、電子とホールが、エネルギーが低くなる方向に動き出し、電圧が生じ電流が流れる。

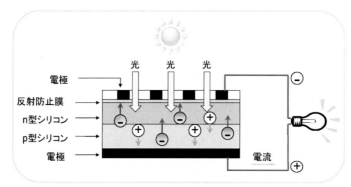

★ 太陽電池の基本構造

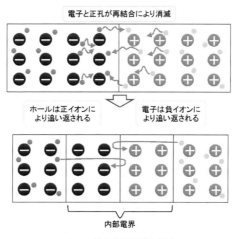

★ pn接合界面の模式図

第5章 太陽電池基礎

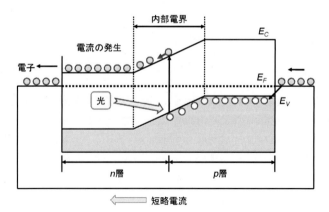

★ pn接合界面への光入射と太陽電池のバンド構造

● pn接合

抵抗成分を無視した太陽電池の暗電流は、I_0を逆飽和電流、eを電気素量、Vを電圧、nを理想ダイオード因子、k_Bをボルツマン定数、Tを温度として次式のダイオードの整流方程式で表わされ、$n = 1$ で理想の pn 接合の I-V 特性となり、結晶性が悪くなると $n = 2$ に近づく。

$$I = I_0 \left\{ exp\left(\frac{qV}{nk_BT}\right) - 1 \right\} \tag{5.2}$$

右図は実際には、直線に近くなり、その時の傾き q / nkT の n が理想ダイオード因子である。空乏層内で電子、ホールの再結合が起こると $exp(qV/2kt)$ に比例した電流が

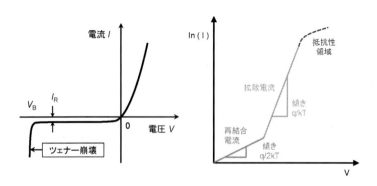

★ ダイオードの電圧－電流特性

流れる。再結合は、不純物、ホールが空乏層内にあると生じる。

逆方向に電圧をあげていくと、ある電圧を越えると電流が急増し、しかもその電圧は、一時的に保たれる。この電流急増は、一時的にダイオードが電流阻止能力を失ったもので（ツェナー崩壊）、電圧を下げれば元に戻る。この現象は量子力学的トンネル効果と境界付近の電界によるなだれ効果の2種類の効果による。

光起電力効果

半導体に光が照射され、光伝導現象が生じると、光によって生成されるキャリアに場所による不均一性や、pn接合など内部電界があると、拡散あるいはドリフト効果によって生成した電子とホールの密度分布の平衡がやぶれ、起電力が発生する。この現象を光起電力効果という。

半導体のpn接合や結晶粒界など、半導体の界面や表面には、半導体と接する物質との電子親和力およびフェルミ準位の違いによって強い内部電場が存在する。半導体の界面や表面に光を照射して光生成キャリアを発生すると、生じた電子とホールは電場によって互いに反対方向にドリフトし電荷の分極を引き起こし、光照射に起因した起電力が生ずる。図は種々の半導体界面層と、その光起電力効果をエネルギーバンド図で示したものである。図のpn接合、ヘテロ接合、ショットキー障壁の界面ポテンシャルは、実際の太陽電池デバイスに使用されている。また図の粒界面層では発生起電力が大きいが、粒界面を横切る内部抵抗が高いため大電流を取り出し難く、むしろ光センサの原理として利用され、ZnO、CdS、ZnSe焼結体等が、光検出素子として実用化されている。

半導体と金属や導電性液体との界面にも、電気化学ポテンシャルの差と界面状態によって界面電場が発生する。この界面電位は、電気分解など電気化学作用に応用されている。電極に光学活性な半導体を用いたり、電解液に光学活性な色素を用いると、光－電気や光－化学効果が現れる。図にn型半導体と電解液の界面のバンド構造を示す。イオン源として0.1 mol/L 程度の硫酸ナトリウム電解液中にn型GaPのような光学活性半導体を浸すと、化学ポテンシャル差によって電極周囲の電解液は、半導体から伝導電子を奪い負に帯電し、ヘルムホルツ層を形成する。その結果、n型半導体の表面にはp型反転層ができる。この界面に半導体のバンドギャップより大きなエネルギーをもつフォトンが照射されると、半導体の反転層近傍で生成する電子－ホール対は内部電界で動き、生成キャリアの分極で、液体と半導体電極の間に起電力が発生する。この現象は光電池や光増感電解反応に応用されている。

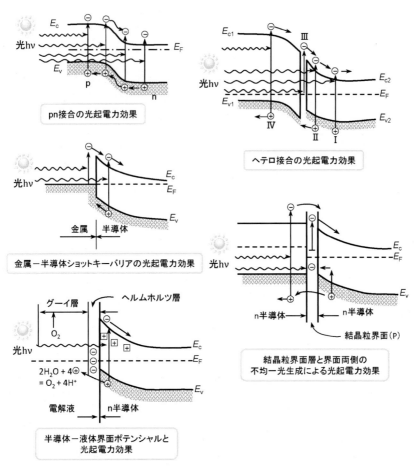

★ 半導体界面の光起電力効果のバンド図

Si太陽電池のpn接合

　図は実際の太陽電池の構造で、p型シリコンの周囲に拡散により薄い n 型層が形成され、電極がついている。pn接合部の拡大図では、光によって、内部電界のある接合部付近にキャリアが生成する。ここで、L_n、L_p は電子と正孔の拡散距離、dは接合深さ、Wは遷移領域幅である。エネルギーバンド図から、光生成された電子−ホール対は、遷移領域の内部電界により左右に分離され、電極に起電力が発生する。図は、バルク透過型感光面をもつ pn 接合太陽電池の光起電力効果のバンド図である。

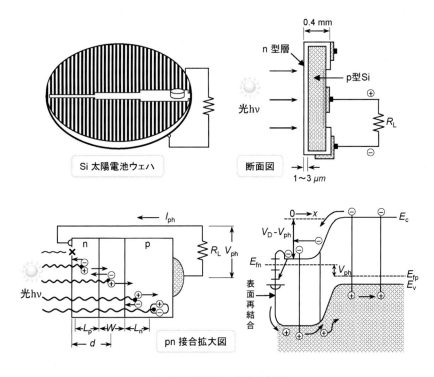

★ Si 太陽電池 pn 接合の原理

　表面から深さ d に接合が存在し、それぞれの領域における少数キャリアの拡散距離を L_n、L_p、波長 λ の光に対する半導体の吸収係数を α とすると、表面から距離 x における電子ホール対の生成割合 $g(x)$ は点 x の光吸収 $\delta\Phi/\delta x$ に比例し、光電量子効率を γ とすれば次式のようになる。

$$g(x) = \gamma \Phi_0 \alpha e^{-\alpha x} \tag{5.3}$$

　ここで、Φ_0 は表面における波長 λ の光束密度で、図にみられるように実際の電池では、$x = 0$ の近傍の生成キャリアは表面再結合によってその大部分が失われ、この成分を表面再結合損失という。

　光起電力効果に寄与するキャリアは、遷移領域の端から少数キャリアの拡散距離範囲内のキャリアが収集でき、n 領域中では $x = 0$ から d まで $g(x)\exp[-(d-x)/L_p]$ を積分し、同様に p 領域でも計算し、両電流の和で光電流を求めることができ、pn 接合の両端を短絡した場合の波長 λ の単色光に対する光電流は次式のようになる。

$$\frac{dI_{sc}(\lambda)}{d\lambda} = \gamma A\alpha\lambda \left\{ \frac{L_p}{1-\alpha L_p} \left[e^{-\alpha d} - e^{-d/L_p} \right] + \frac{L_n e^{-\alpha d}}{1-\alpha L_n} \right\} \quad (5.4)$$

実際の太陽電池では、生成キャリアの収集を有効にするため、光の浸透深さに比べて d を浅くとり、αL_n、$\alpha L_p \ll 1$ とすると次式のようになる。次図は $d = 2$ μm、$L_n = 0.5$ μm、$L_p = 10$ μm としてSi太陽電池のスペクトル感度を計算し、実験データと比較したものである。

$$\frac{dI_{sc}(\lambda)}{d\lambda} = A\gamma\alpha \cdot \lambda(L_n + L_p)e^{-\alpha d} \quad (5.5)$$

計算した光感度スペクトル分布と、太陽輻射エネルギーのスペクトル分布とのマッチングの重なりが多いほど、太陽電池としてのエネルギー変換効率が高くなる。pn 接合の光感度スペクトルの長波長端は、半導体のバンドギャップエネルギーで決まり、感度スペクトル構造は、素子の幾何学的寸法とキャリアの距離定数（L_p、L_n、μ_p、μ_n）、光吸収係数スペクトル $\alpha(\lambda)$ によって決まる。よってこれらが変換効率の理論限界 η_{max} を決める。太陽輻射光の入射フォトン束密度の波長依存性を $\Phi(\lambda)$、電子の電荷を q とすると観測される短絡光電流 I_{sc} は次式のようになる。

$$I_{sc} = \int_0^\infty I_L(\lambda)d\lambda = qA\gamma(L_n + L_p)\int_0^\infty \Phi(\lambda)\alpha e^{-\alpha d}d\lambda \quad (5.6)$$

この電流は n から p 方向に流れ、太陽電池の電圧－電流特性は、p 側を正として太陽電池の端子電圧 V、流れる電流を I とすると次式になる。

$$I = I_0\left\{\exp\left(\frac{qV}{nkT}\right) - 1\right\} - I_{sc} \quad (5.7)$$

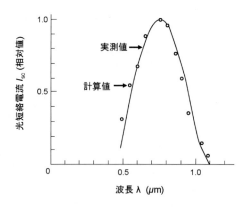

★ Si 太陽電池のスペクトル感度特性

ここで I_0 はpn接合の逆飽和電流である。この式で、光照射時に太陽電池端子を開放状態にし、電流が流れていない時の電圧を開放電圧V_{OC}（open circuit voltage）といい、光電流の大きさに対応して起電力が生じる。上式で $I = 0$（開放）とすると次式のようになる。

$$V_{oc} = \frac{nkT}{q} \ln \left\{ \frac{I_{SC}}{I_0} + 1 \right\} \tag{5.8}$$

また電圧が 0 Vのときの単位面積当たりの短絡した電流を短絡電流 I_{SC}（short-circuit current）という。

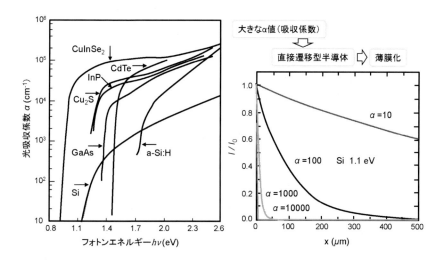

★ 光のエネルギー・半導体厚さと光吸収係数

太陽電池変換効率

太陽電池のエネルギー変換効率は、太陽輻射光エネルギーと、太陽電池端子からの電気出力エネルギーの比をパーセントで表したものである。変換効率 η は次式で表される。

$$\eta = \frac{[\text{太陽電池からの電気出力}]}{[\text{太陽電池に入った太陽エネルギー}]} \times 100 \ (\%) \tag{5.9}$$

国際電気標準会議（IEC TC-82）では、地上用太陽電池については、太陽輻射の空気質量通過条件がAM1.5で、100 mW cm^{-2} の入射光で、負荷条件を変えた時の最大電

77

気出力との比を百分率で表したものを公称効率 η_n と定義している。公称効率と、太陽電池の出力測定法から求められる最大出力電圧V_{max}、最大出力点電流I_{max}、開放電圧V_{OC}、短絡光電流密度J_{SC}との関係を、以下に述べていく。

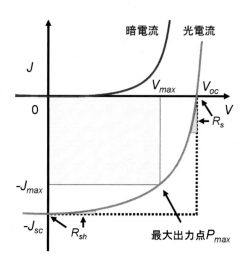

★ 太陽電池の電圧－電流密度特性

太陽電池に最適負荷抵抗 R_L を接続したときの最大出力点（最適動作点）P_{max} は、図の出力特性で示した V_{max} と I_{max} の交点であり、図中の四角部分で示した面積が出力パワーとなる。V_{max} は最大出力電圧、J_{max} は最大出力電流密度である。

これより太陽電池の端子電圧 V、負荷に流れる電流を I とした場合の出力エネルギー P_{out} は次式のようになる。

$$P_{out} = V \cdot I = V \cdot \left\{ I_{sc} - I_0 \left[\exp\left(\frac{qV}{nkT}\right) - 1 \right] \right\} \tag{5.10}$$

図より最適負荷点 P_{max} では、次のようになる。

$$\frac{dP_{out}}{dV} = 0 \tag{5.11}$$

最大出力電圧 V_{max} は以下の関係を満たし、最大出力電流 I_{max} は次式のようになる。

$$\exp\left(\frac{qV_{max}}{nkT}\right)\left(1 + \frac{qV_{max}}{nkT}\right) = \left(\frac{I_{sc}}{I_0}\right) + 1 \tag{5.12}$$

$$I_{max} = \frac{(I_{sc}+I_0)\left(\frac{qV_{max}}{nkT}\right)}{1+\left(\frac{qV_{max}}{nkT}\right)} \tag{5.13}$$

実際の太陽電池の公称効率の測定には、あらかじめ自然太陽放射光スペクトルを模擬したソーラーシミュレータを用いる。地上用太陽電池では出力パワーをAM-1.5、100 mW cm^{-2}、また宇宙用太陽電池ではAM-0、100 mW cm^{-2}に入射光条件を規格化し測定する。地上用太陽電池の入射光条件で測定した最大出力点 P (V_{max}、I_{max})、V_{OC}、I_{SC} が求まると、公称変換効率 η_n は有効受光面積を S cm^2、放射照度を Φ_0 として次式になる。

$$\eta_n = \frac{V_{max} \cdot I_{max}}{\Phi_0 S} \times 100\ (\%) = \frac{V_{oc} \cdot J_{sc} \cdot FF}{100 (\text{mW cm}^{-2})} \times 100\ (\%)$$
$$= V_{oc}(\text{V}) \cdot J_{sc}(\text{mA cm}^{-2}) \cdot FF\ (\%) \quad (5.14)$$

$$FF = \frac{V_{max} \cdot J_{max}}{V_{oc} \cdot J_{sc}} = \frac{P_{max}}{V_{oc} \cdot J_{sc}} \quad (5.15)$$

FF は曲線因子（fill factor）で、四角部分の面積を $V_{OC} \times I_{SC}$ の面積で割ったもので、太陽電池の性能を示す重要な指数である。入力パワーを100 mW cm^{-2}に規格化した測定で、実験で求めた V_{OC}、J_{SC}、FF の積が公称効率となる。

太陽電池等価回路と抵抗

実際の素子では、直列抵抗R_s（series resistance）と並列抵抗R_{sh}（シャント抵抗：shunt resistance）も考慮する。直列抵抗は、素子各部を電流が流れる時の抵抗で、これが低いほど性能が良くなる。並列抵抗は、pn接合周辺におけるリーク電流などによって生じ、高いほど性能が良い。

太陽電池は等価回路としてみれば、出力特性が式で示すように、pn接合の整流特性を示す第1項、つまり整流器と光の強さに応じて発生する定電流電源 I_{SC} からなる。また発生した電流を端子に集める直列抵抗 R_s および、pn接合部のリーク電流に起因する並列抵抗 R_{sh} がある。これらを等価回路として図に示す。

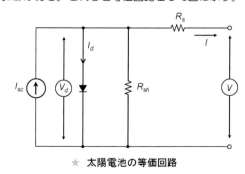

★ 太陽電池の等価回路

簡易な計算方法として次式で求められる。

$$R_{sh} = -\frac{\Delta V_{SC}}{\Delta J_{SC}} \tag{5.16}$$

$$R_s = -\frac{\Delta V_{OC}}{\Delta J_{OC}} \tag{5.17}$$

I_{SC}を電流源とし、抵抗成分を含めた太陽電池の両端子で観測される光照射時の電流-電圧（I-V）特性は次のようになる。

$$I = I_{sc} - I_0\left[\exp\left\{\frac{q(V+R_sI)}{nkT}\right\} - 1\right] - \frac{V+R_sI}{R_{sh}} \tag{5.18}$$

照射強度が弱くI_{SC}が小さい範囲では、ダイオード電流I_dと漏れ電流V_d/R_{sh}が同程度の大きさになり、R_sよりR_{sh}の影響を受けやすく次式のようになる。

$$I = I_{sc} - I_0\left[\exp\left\{\frac{qV}{nkT}\right\} - 1\right] - \frac{V}{R_{sh}} \tag{5.19}$$

逆に照射強度が強く、$I_d \gg V_d/R_{sh}$では、R_{sh}の影響は現れず、R_sが問題となり次式のようになる。

$$I = I_{sc} - I_0\left[\exp\left\{\frac{q(V+R_sI)}{nkT}\right\} - 1\right] \tag{5.20}$$

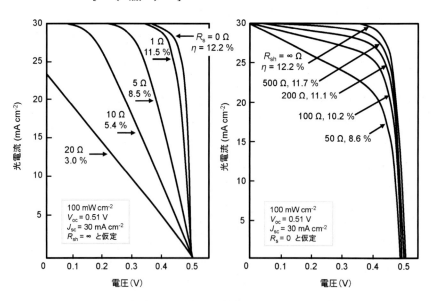

★ R_s、R_{sh}をパラメータとするpn接合Si太陽電池の出力特性

R_s は開放電圧 V_{OC} にはほとんど影響を与えないが、短絡光電流 I_{SC} を著しく低下させる可能性がある。一方、R_{sh} は I_{sc} にはほとんど影響を与えず、V_{OC} を低下させる。

直列抵抗 R_s が出力電流に与える影響を考えてみる。実際のシリコン pn 接合太陽電池で、短絡光電流密度 J_{SC} = 30 mA cm^{-2}、V_{OC} = 0.51 V、I_0 = 50 pA cm^{-2}、n = 1、並列抵抗 R_{sh} = ∞ と仮定し漏れ電流成分を0として、照射強度100 mW cm^{-2} に対する R_s をパラメータとした電圧－電流特性を計算する。R_s = 0 Ω の時の変換効率 η = 12.2%、FF = 0.8 となる。また R_s = 1、5、20 Ωの時は、η = 11.5、8.5、3.0 ％となり、R_s = 1 Ωの時はFF = 0.75で、R_s = 20 Ωの時は、電圧－電流特性はほぼ直線でFF = 0.25である。最近の結晶Si太陽電池の R_s は 0.5 Ω 以下である。

同様に並列抵抗 R_{sh} をパラメータとした電圧－電流特性は、R_s = 0 Ω と仮定して、並列抵抗 R_{sh} = ∞の時の変換効率 η = 12.2%、FF = 0.8 となる。R_{sh} = 500、100、50 Ω の時は、η = 11.7、11.1、8.6 ％ となる。R_{sh} は、光電流に与える影響は比較的少ないが、V_{OC} の大きさに直接影響する。

これらは、太陽電池の設計上基本的な出力特性の形で、技術上問題となる R_s 及び R_{sh} との関係を理解するうえで、重要な基本特性である。

最近の太陽電池のセル変換効率は、~20％ が報告されている。これらは様々な高効率化技術、例えばV_{OC} 向上のため、BSF処理などを行い V_{OC} = ~0.7 V まで向上し、J_{SC} 向上のために、無反射コーティング、ヘテロ接合、テクスチャ構造などを用いて J_{SC} = ~40 mA cm^{-2} が得られている。

太陽電池から効率よく電力を得るには、太陽電池を最大出力点付近で動作させる必要がある。このため大電力用のシステムでは通常、最大電力点追従装置を用いて、日射量や負荷にかかわらず、太陽電池側からみた負荷を常に最適に保つように運転が行われる。

Si太陽電池の理論変換効率

結晶シリコンSi太陽電池の理論変換効率を考える。太陽光スペクトルに含まれる光のうち、バンドギャップより大きいエネルギーを100％ 吸収し、それがすべて電流へ変換された時の電流が短絡電流 I_{sc} の最大値である。100 mW cm^{-2} の光が入射すると、Si太陽電池の短絡電流密度 J_{sc} は、45.3 mA cm^{-2} となる。ここで太陽電池の面積をSとしたとき、$J_{sc} = I_{sc}/S$ である。短絡電流密度は表のように物質により異なる。

光照射時の電流－電圧特性は次式で示される。ここで I_{sc}：短絡電流 (A)、I_0：飽和電流 (A)、k：ボルツマン定数 (J K^{-1})、T：絶対温度 (K)、q：素電荷 (C)、V：電圧 (V)、である。

$$I = I_{sc} - I_0 \left(\exp\left(\frac{qV}{kT}\right) - 1 \right) \tag{5.21}$$

開放電圧V_{oc}は上式で電流Iを0とおくことで求められる。

$$V_{oc} = \left(\frac{kT}{q}\right) \times ln\left(1 + \frac{I_{sc}}{I_0}\right) \tag{5.22}$$

結晶Si太陽電池の飽和電流密度は、約10^{-13} A cm^{-2}であるため、開放電圧は、0.7 Vとなる。理論変換効率は入射光の照射強度をΦ_0とすると、

$$\eta_{max} = \frac{P_{max}}{\Phi_0} = \frac{I_{sc} \times V_{oc} \times FF}{\Phi_0} \tag{5.23}$$

太陽電池の最大発生電力は、短絡電流密度に開放電圧、FF をかけたもので、FF は経験的に次式のようになる。

$$FF = \frac{v_{oc} - ln(v_{oc} + 0.72)}{v_{oc} + 1} \qquad v_{oc} = \frac{qV_{oc}}{kT} \tag{5.24}$$

例えば$V_{oc} = 0.7$ Vとすると、FF は0.846となり、

$$\eta_{max} = \frac{I_{sc} \times V_{oc} \times FF}{\Phi_0} = \frac{(45.3 \times 10^{-3}) \times 0.7 \times 0.846}{100 \times 10^{-3}} \times 100 = 26.8\ \% \tag{5.25}$$

となる。他の物質のFF についても表に示す。

例として、短絡電流密度が 30 mA cm^{-2} で、飽和電流密度が 10^{-13} A cm^{-2} のときの、開放電圧を計算する。$k = 1.38 \times 10^{-23}$ J K^{-1}、$q = 1.602 \times 10^{-19}$ C、$T = 300$ Kとする。

$$\frac{k \cdot T}{q} = 258.4 \times 10^{-4} \left(\frac{J}{K} \times \frac{K}{C}\right) \tag{5.26}$$

$$V_{oc} = 258.4 \times 10^{-4} \frac{J}{C} \times ln\left(1 + \frac{30 \times 10^{-3}}{10^{-13}}\right) = 0.683\ \text{V} \tag{5.27}$$

単位は、$J = W \cdot s$、$C/s = A$ より、$\frac{J}{C} = \frac{W \cdot s}{C} = \frac{W}{C/s} = \frac{W}{A} = V$となる。

★ 半導体材料の太陽電池特性比較

材料	短絡電流密度 (mA cm^{-2})	開放電圧 (V)	FF	変換効率 (%)
単結晶Si(シリコン)	45.3	0.700	0.846	26.8
多結晶Si(シリコン)	38.1	0.654	0.795	19.8
アモルファスSi(シリコン)	19.4	0.887	0.741	12.7
GaAs(ガリウムヒ素)	28.2	1.022	0.871	25.1
CdTe(カドミウムテルル)	26.1	0.840	0.731	16.0

直列抵抗と並列抵抗の原因

回路中の直列抵抗の原因としては、表面、裏面の金属電極の抵抗、金属電極－半導体界面でのオーミック接触抵抗、表面層をキャリアが流れるときの抵抗、バルク抵抗がある。

実際の太陽電池では、R_s は 0.5 Ω 以下となり影響は小さいが、照射強度が大きい場合には R_s の影響が問題となり、大面積セルや集光型太陽電池など大電流が流れる場合は、設計などに注意が必要である。

直列抵抗の測定法として最も簡便な方法は、順方向特性の直線部分から算出する方法で、十分直線性のよい領域で I_1 と I_2 の電圧降下から直列抵抗を計算する。他に入射光の照射強度を変化させて電流－電圧特性を測定し、R_s の平均値を算出する方法がある。

並列抵抗は接合部に欠陥が多く、リーク電流が大きい場合や、不完全な接合が形成された場合に問題となる。通常の太陽電池では、R_{sh} は 1 kΩ より十分に大きな値でその影響は無視できる。しかし、微弱な光を検出するために太陽電池を用いる場合には、光電流がきわめて小さくなるので、R_{sh} の影響が問題となる。並列抵抗の測定は、最も簡便な逆方向特性の直接部分から算出する方法が一般的である。

量子効率

内部量子効率は、（発生するキャリア数）／（入射する光子数）で、光子（フォトン）1個により、キャリアが1個発生すれば、内部量子効率 100%である。E_g の2倍以上のエネルギーの光を量子ドットなどに照射したときに、1個のフォトンから2個の伝導電子が生成する、内部効率200%以上のマルチエキシトン現象が見出され、太陽電池への応用にも大変興味が持たれる。

外部量子効率は、実際の太陽電池における様々な損失（再結合・電気抵抗・表面反射）を考慮したもので、内部量子効率×電子取り出し効率を考える。外部量子効率は、（外部回路を流れる電子数）／（半導体に吸収された光子数）である。そのため、内部量子効率よりは低い値となる。内部量子効率及び外部量子効率は光の波長によって変化し、太陽電池特性評価にしばしば使用される。入射光の照射強度Φ_0 [W m^{-2}]、波長λの光を太陽電池に照射し、電流に変換した効率（キャリア／光子）を外部量子効率ηといい、電流密度をJ [A m^{-2}]とすると、次式のようになる。

$$\eta = \frac{hc}{e\lambda} \cdot \frac{J}{\Phi_0} \times 100 \ (\%) \tag{5.28}$$

変換効率の低下要因

　変換効率の理論限界を決定するのは、半導体材料による違いが大きく、特にバンドギャップ、つまり吸収できる光の波長に依存する。Si結晶太陽電池の理論変換効率は、図に示すように最大約27%である。
① 長波長光の透過による損失：バンドギャップ以下のエネルギーの光は吸収できず通過していき、損失が44%である。スペクトル不整合に対応する。
② 光吸収時の損失：吸収されたエネルギーの一部は熱になり、これが11%である。
③ 電圧因子損失：バンドギャップ相当のエネルギーを吸収し、発生する開放電圧は最大となる。このバンドギャップと開放電圧の差が損失となり、18%である。

　他の変換効率の低下効率の要因としては、反射損失、欠陥再結合損失や表面再結合損失などがある。詳細を図に示す。

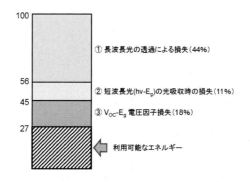

★ Si 太陽電池変換効率の理論限界の要因

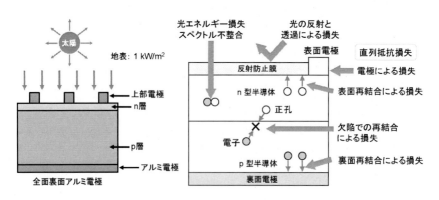

★ 変換効率の低下要因

第5章 太陽電池基礎

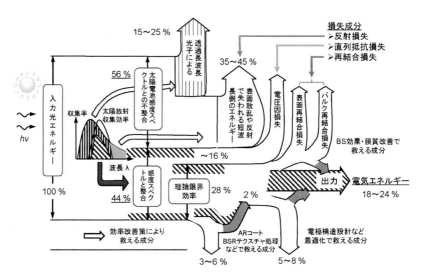

★ 太陽電池のエネルギー変換過程と損失成分

バンドギャップと太陽電池特性

　半導体のバンドギャップと開放電圧や短絡電流密度の間には、図に示すような関係がある。バンドギャップが大きくなるほど、開放電圧が大きくなるが、短絡電流密度が小さくなる。逆に、バンドギャップが小さくなるほど、開放電圧は小さくなるが、長い波長の光でも発電するので、短絡電流密度は大きくなる。理論限界効率は、開放電圧と短絡電流の積に比例するので、バンドギャップが1.5 eV近傍で効率が最大になる。実際に単接合では、バンドギャップ1.4 eVのGaAsが高効率を示す。

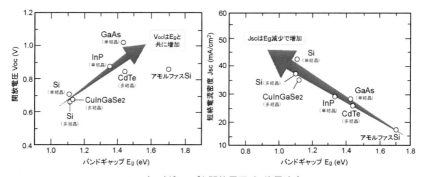

★ バンドギャップと開放電圧・短絡電流密

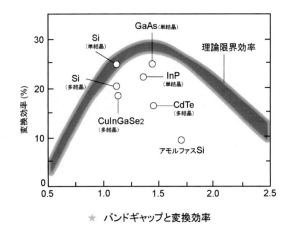

★ バンドギャップと変換効率

太陽電池特性評価

　太陽電池特性評価は、AM 1.5(太陽光)と高い一致度をもつ疑似太陽光（ソーラーシミュレータ）を用いて、J-V特性を測定して行う。図に測定法の一例を示す。

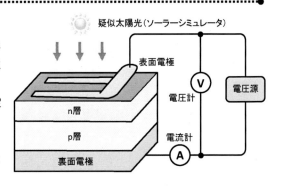

★ 太陽電池測定法

高効率化の必要条件

　太陽電池の高効率化のためには、以下の必要条件をすべて満たすことが望ましい。
① 太陽光とのバンドギャップ整合性
② 直接遷移型半導体
③ 大きな光吸収係数
　エネルギー保存則と運動量保存則を満たして、光学遷移がおこる際に、間接遷移型半導体では、波数が異なる軌道同士は直交遷移不可で、フォノンが関与して遷移し、光のエネルギーの一部が熱になる。間接遷移型半導体のSiよりも、直接遷移型半導体のGaAsなどが有利である。

第5章 太陽電池基礎

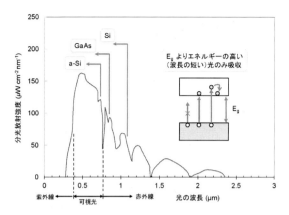

★ 光の波長と分光放射強度

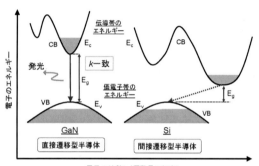

★ 半導体の遷移型

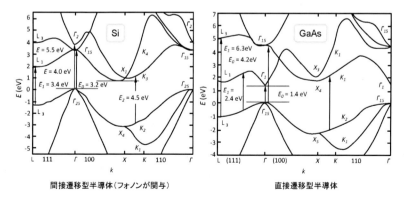

★ 半導体のバンド構造

87

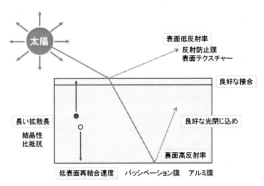

★ 高効率化に必要な要素

　また効率よく光を吸収するために、大きな光吸収係数が望ましい。Si結晶は間接遷移型半導体で、光吸収係数が小さく、基板を厚くしなければならない。一方、$CuInSe_2$ のような光吸収係数が大きい材料は、薄膜でも長いキャリア拡散長をもち、効率よく光を吸収できる。

　高効率化に必要な要素としては、表面反射を低下させ光を半導体内部に閉じ込める、反射防止膜や表面テクスチャ構造などがある。また半導体裏面に Al などの高反射率膜を形成し、光を閉じ込める。また、パッシベーション膜の形成により、表面再結合を防止する。半導体の結晶性を高め良好な pn 接合を作製し、キャリア移動を確実にすることも必要となる。

太陽電池変換効率計算

　Siのpn接合（接合面積5.00 cm²）に波長500 nmの単色緑光が照射されている。入射光強度Φ_0を0.100 W cm⁻²とし、フォトンがSi内で吸収される量子効率 η_a が70.0％とする。Siのバンドギャップは1.10 eVである。

① 入射光のエネルギー E を eV 及び J 単位で求めよ。（hc/λ）
② 単位面積当たり1秒間の入射フォトン数 N を求めよ。（Φ_0/E）
③ 短絡光電流密度 J_{SC} を求めよ。（$\eta_a N/e$）
④ 開放電圧 V_{OC} が0.589 V、曲線因子 FF が0.791であるとき、エネルギー変換効率 η ％ を計算せよ。（$V_{OC} \times J_{SC} \times FF \times 100/P$）
⑤ 量子効率は100％でも、エネルギー変換効率が100％にならない理由を、光の波長とバンドギャップを比較して述べよ。

第6章

太陽電池応用

多接合太陽電池

pn接合の変換効率は半導体のバンドギャップで決まるため、単接合の場合、理論上30%が限界である。これを向上させるため、多接合太陽電池が開発されている。太陽光スペクトルは、紫外線から赤外線まで幅広い波長を持っている。単接合では、そのうちの1つのエネルギーしか使用することができない。

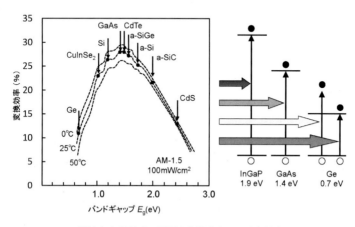

★ 単接合太陽電池の限界と多接合化による高効率化

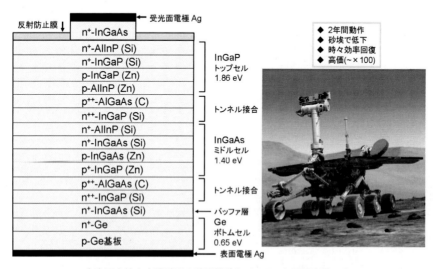

★ 宇宙用多接合太陽電池の積層構造とNASAの火星探査機スピリット

しかし、異なるバンドギャップを持つ *pn* 接合を複数並べることで、図に示すように各エネルギーを吸収できるようになる。これが多接合太陽電池である。一般的に波長が短いものから順に光を吸収するように作製する。現在開発されている多接合太陽電池は、GaInP/InGaAs/Ge太陽電池である。

図に示す格子整合型Ⅲ-Ⅴ族多接合型太陽電池は、Ge 基板上にエピタキシャル成長した$In_{0.49}Ga_{0.51}P/In_{0.01}Ga_{0.99}As/Ge$単結晶薄膜からなる。これは、InGaPトップセル（1.88 eV）とInGaAsミドルセル（1.40 eV）の格子間隔が、Ge（0.67 eV）ボトムセル（基板）の格子間隔とほぼ一致した格子整合型の太陽電池である。変換効率は宇宙光（AM0スペクトル）に対して約29%で、宇宙用シリコン太陽電池の約17%を大きく上回っている。高効率であることから総コストが低減できるため、全世界の宇宙用太陽電池の中で、約97%以上はこのような化合物3接合太陽電池が使用されている。さらに非集光時30%程度の効率が、1000 倍集光時に40%まで向上する。

バンドギャップが0.65 eV 以下の材料から成る太陽電池を、3接合に追加することで4接合が可能となり、非集光で40%、集光時50%の高効率化も期待されている。多接合太陽電池の応用例として、人工衛星や火星探索機などに使用されている。宇宙用太陽電池に求められる特性として、高変換効率、耐放射線性、耐環境性（温度、プラズマ）、高信頼性、軽量性、経済性（低コスト）がある。

アモルファスSi太陽電池

アモルファスシリコン（a-Si）の原子配列は、規則正しい原子配列をもつ結晶Siとは異なり不規則である。そのためa-Siは、結晶Siに比べて、光と格子の相互作用が大きく、それだけ光をより多く吸収することができる。よってa-Si太陽電池では薄膜化が可能で、1 μm以下の膜厚で発電することができる。またガラスやプラスチックを基板として用いることで、透過型（シースルー）太陽電池が可能である。シランガス(SiH_4)を原料とし、プラズマ成膜法や化学気相成長法などを用いて、ガラスなどの基板上に、*p*型、*i*型、*n*型の3層のa-Si層を連続形成し、*pn*接合を形成する。接合形成過程で、一枚の基板上に複数セルを直列接続可能であり、任意の電圧を得られる。

a-Si薄膜太陽電池の基本構造は *pin*構造である。*pin*型太陽電池は一般的に、a-Si太陽電池の基本構造で作成される。*i*層は真性半導体で、*p*、*n*両性の不純物を含まず、フェルミ準位がバンドギャップの中心に存在するような純粋な半導体である。結晶性Siに比べ品質面で劣るa-Si:Hでは、ノンドープの *i* 型半導体をドープ層間に挿入し、*i*層を空乏層化して高電界をかけ、この電界により光生成キャリアを電極へ輸送するキャリアドリフト型デバイスである。ドープ層はこの *i* 層に内蔵電位を形成する

役目を果たすが、ドープ層で生成されたキャリアは再結合して光電流としては取り出せない dead layer であるため、光入射側に用いられる p 型窓層はできるだけ光吸収係数の小さなワイドバンドギャップ材料が望まれる。

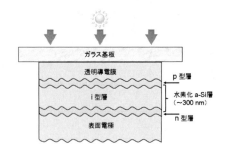

★ アモルファス Si 太陽電池の構造

	Voc (V)	Jsc (mA cm⁻²)	FF
単結晶Si	0.706	42.2	0.828
多結晶Si	0.654	38.1	0.795
a-Si:H	0.965	14.4	0.672

安定化後効率：
9 〜 11%（0.25 cm²）

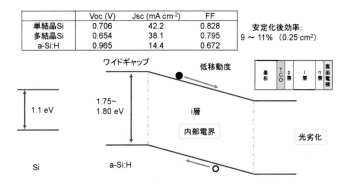

★ アモルファス Si 太陽電池のバンド構造

HIT太陽電池

　HIT (Heterojunction with Intrinsic Thin-layer) 太陽電池は、量産レベルで非常に高い変換効率を達成した太陽電池である。現在では、効率23.9%を実現している。結晶Si基板上に中間に高品質の i 層を入れながら薄膜アモルファスSiを形成したハイブリッド型太陽電池である。良好なパッシベーション効果が得られ、結晶Si表面再結合を抑制し、高い開放電圧を得ることができる。温度上昇に伴う特性低下が結晶系Siより小さく、製造エネルギーも少なめ基板も約30%薄板化が可能である。
　さらにHITでは図に示すように、裏面発電も可能で、パネル両面で発電できる。そのため、建物・フェンスなどの壁面や、駐車場の屋根面などで使用が可能となる。

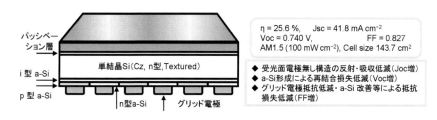

★ HIT 太陽電池の構造と特徴

CdTe太陽電池

　CdTeは高効率、低コストな太陽電池材料として期待されている。CdTe半導体のバンドギャップ1.44 eVは、単接合太陽電池として最適な値である。また光吸収係数も高く、わずか数μmの厚さで充分、エネルギー変換が可能である。さらにスクリーン印刷で太陽電池を作製できるので、低コストでも作製可能であり、a-Si薄膜の最大の競合相手である。

　公害物質としてのイメージの悪いカドミウムCdは、テルルTeと結合すると安定した状態になるため、漏出の危険性は低くなっており、欧米では、発電所向けに製品のリサイクルを保証し市場が拡大している。

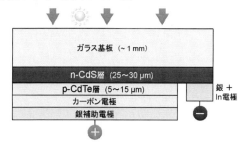

★ CdTe 太陽電池

CIGS系太陽電池

　光吸収層の材料としてシリコンの代わりに、Cu、In、Ga、Al、Se、Sなどから成るカルコパイライト系と呼ばれるI-III-VI族化合物を用いる。代表的なものはCu(In,Ga)Se$_2$ や Cu(In,Ga)(Se,S)$_2$、CuInS$_2$ などで、それぞれ略称は、CIGS、CIGSS、CIS である。製造法や材料のバリエーションが多く、低コスト品から高性能品まで対応できる。また多結晶で、大面積化や量産化やフレキシブル化が可能である。バ

ンドギャップが材料によって自由に変えられるため、多接合型太陽電池への応用も期待され、量産化も始まっている。

　CIGS太陽電池は、Cu(In,Ga)Se$_2$という化合物からなる太陽電池である。面積が小さくても以下の特徴を持つ高効率の太陽電池として注目されている。① 光電変換効率が高い（19.4%）。② 光吸収係数が大きく、数μmの薄さでも十分に機能する。③ 経年劣化が少ない。④ 黒一色で色合いが落ち着いている。セラミックス、金属箔、ポリマーなど様々なフレキシブル基板を用いた高性能太陽電池も作製されている。

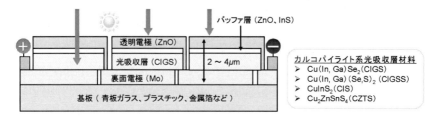

★ CIGS系太陽電池

裏面接合型太陽電池

　通常の太陽電池では、太陽光を受ける受光面にはn電極が、裏面にはp電極がある。受光面側のn電極は、電流の取り出しに必要不可欠であるが、その電極の下の基板には太陽光が入射せず、その部分では発電せず変換効率が低下する。この受光面側電極による損失をシャドウロスと呼ぶ。この電極によるシャドウロスがなく、入射してくる太陽光を100%太陽電池に取り込むために、受光面の電極をなくし、p、n両電極を裏面に形成した太陽電池を裏面電極型太陽電池、またはバックコンタクトセルといい、原理的に高効率が実現可能である。全ての電極と拡散層をパターニングして裏面に形成するため製造プロセスが複雑になりコストがかかるのが難点である。

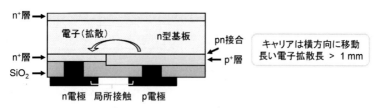

★ 高効率単結晶シリコン裏面接合型太陽電池

高効率化デバイス技術

発生した少数キャリアが金属との接触面に流れないよう内部電界を形成した Back Surface Field (BSF)型構造がある。高濃度ドーピングによりキャリア再結合を防ぐ方法で、裏面に形成した p 層によって、pp^+ 裏面電界（BSF）ができ、セルの深い位置で発生した電子を pn 接合の方に動かす力が働き、セルの変換効率向上に寄与する。

半導体結晶の表面上には、SiO_2 などの絶縁膜をつけ結晶表面の欠陥を減少させ、表面での再結合を少なくできる。これをパッシベーション（不活性化）という。

また、結晶表面にピラミッド型の凹凸を形成する（テクスチャ構造）場合もある。テクスチャ構造を形成することにより、入射した光の表面反射や透過損失を低減し、光を閉じ込め効率を上げることができる。

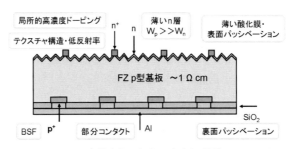

★ 高効率化のためのデバイス構造

集光型太陽電池

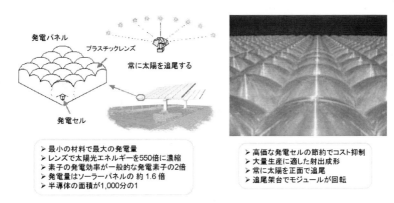

★ 集光型太陽電池

集光型太陽電池は、レンズを使って太陽光エネルギーを濃縮し、高性能の素子（セル）に集中照射し、高い発電量を得る。集光倍率は550倍で、素子面積の550倍の大きさのレンズで太陽光を濃縮する。素子の発電効率が一般的な発電素子の2倍となる。また光の焦点を太陽電池に集中させるため、太陽光追尾装置が必要となる。また集光型化合物3接合太陽電池では、2012年での世界最高変換効率43.5%が達成されている。

光熱ハイブリッド型太陽電池

太陽光熱複合発電システムは、フレネルレンズで集めた太陽エネルギーを、可視光線は反射、赤外線は透過する特殊な波長選択ミラーを使って分離し、それぞれ集光型太陽電池、熱電発電モジュールを用いて発電するシステムである。熱電発電とは、金属や半導体などの電気を通す材料の両端に温度差を与えると電力が発生するゼーベック効果を利用した発電方法である。このシステムでは一般的な太陽光発電に比べ発電効率が約2倍で、さらに廃熱を利用した給湯が可能であり、発電と給湯を総合した太陽エネルギー利用効率は65%以上にもなる。

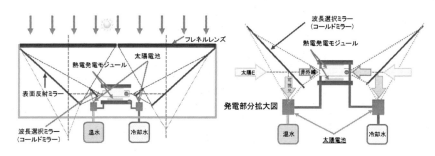

★ 太陽光熱複合発電システム

球状Siの作製と比較

球状Si型太陽電池とは、直径1 mm程度の球状Siを並べてつなぎ、太陽電池とするものである。球状Siを作るため、Si材料を無駄なく使用できるが、球状Si太陽電池は、平板Si太陽電池に比べ発電効率が、20〜30%低くなる。単純に球状Si素子を敷き詰めた構造では、有効面積、出力電流、出力電圧の3点で不利になるためである。
① 板状のSi基板を使えばセル全面で発電できるのに対し、球状Si素子を使うと球状Siの間に隙間ができるため、無駄になる面積が10%程度できる。

② 電流に関しては、球状の場合、平行光線が入射すると入射角θが球上の位置によって変化する。中心からずれるにつれて、θが大きくなり端側での反射率は $\theta = 0$ の場合に対して大きくなる。一方、平板では板状のどの位置でも入射角は $\theta = 0$ となる。これを理論的に計算して電流密度は、10%ほど球の方が低い値となる。

③ 電圧に関しても、球の半径を1 mmとすると、pn接合深さは1 μm以下になるので、pn接合の面積は球の面積と同等である。つまり、半径をrとすると$4\pi r^2$であり、光の入射面積を球の投影面積とするとπr^2となるので、接合面積は光入射面積の4倍となる。太陽電池の開放電圧V_{OC}は、ダイオードの逆飽和電流 J の関数であり、J が大きいほどV_{OC}は低くなり、また J はpn接合面積に比例するので、球では平板に対してJが4倍になる。これより、約10%球の方が低いことになる。

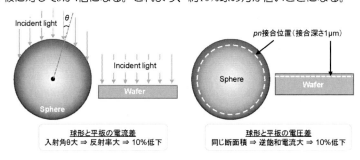

★ 球状 Si 太陽電池の問題点

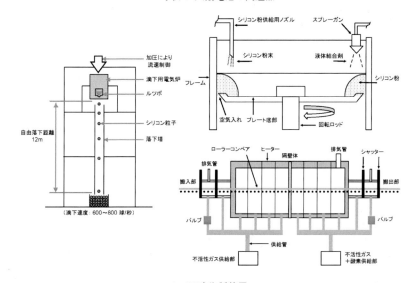

★ Si 球作製装置

第6章　太陽電池応用

　球状Siの製造工程は、以下のようになる。① 溶融したSiを滴下すると表面張力で球状の*p*型Si になり落下中に固化、結晶化させるためにレーザーや冷却速度を調節する必要がある。② ウエット・エッチングで真球状に整形、③ リンを気相拡散させることにより n型層を形成、④ 研磨で*p*型層を露出させ、電極形成後に反射板に実装、⑤ 球状Siを並べて太陽電池のセル形成となる。

● 球状Si太陽電池

　現在、一般的な太陽電池材料として使われている単結晶Si及び多結晶Siの低コスト化が必要不可欠である。球状Si太陽電池は、図に示すように、*pn*接合を形成した直径1 mmのSi球を多数組み合わせて作製する太陽電池である。球形であるため様々な方向の光を利用できる。またシリコンインゴットを切り出して作られる従来の結晶系Si太陽電池に比べて材料のロスがほとんどない。単位Wあたりの原料Siの消費が少なく、加工が簡易であるため従来の結晶系Si系太陽電池より低コストでの製造が可能である。また現在市場で入手可能なアルミニウムの基板を利用しているため、フレキシブルかつ軽量という利点が挙げられる。

　有効面積の問題は、球状Si素子の隙間に入射した太陽光を反射させ、球状Si素子に当たるようにして有効面積の無駄を省いた。出力電流の問題は、球状Si素子を収容する反射鏡の形状を最適化し、球状Si素子の全面にほぼ垂直に光が当たるようにした。出力電圧の問題は、球状Si素子の全面にほぼ垂直に光が当たるようにしたことと、集光倍率を5倍とすることで解決した。また集光することで性能が向上し、球状Si素子を細密充填する場合に比べて同じ面積に配置する球状Si素子の数が1/5程度に減り、従来の板状Si基板を使った太陽電池に比べ、Si使用量は1/5以下にできる。Si球表面には、n^+ 層を形成して*pn*接合を作製する。

　直径1 mmのSi球の表面から約500 nmの深さにはpn接合が形成されており、六角形の反射板に取り付けられている。この反射カップを導入することで、Siに直接当たらない光や反射した光を再度反射させ、再びSi球に受光することができ、あらゆる方向から光を入射することができる。Siは反射係数が大きく、入射光のおよそ30~50 %が反射され、特に短波長帯では屈折率が大きくなり反射率も大きくなる。そこで球状Siには入射した太陽光の反射を抑制するために反射防止膜(ARC: anti-reflection coating)を形成している。反射防止膜は屈折率や膜厚に依存するため、どの入射光の波長の反射を抑制するかによって変化する。この球状Si太陽電池では、作製が容易で導電性の高い、フッ素ドープした酸化スズ(SnO_2:F、FTO)を用いている。

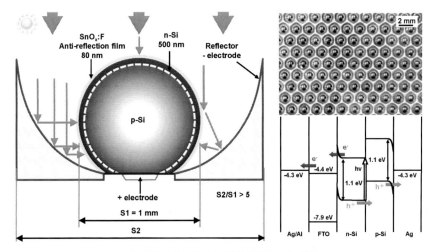

★ 集光型球状Si型太陽電基本構造とバンド図

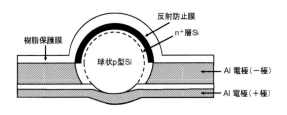

★ 球状Si型太陽電基本構造

● SiC系インバーター

　太陽光発電で得られる電流は直流であり、一般の電気機器で利用するためにはインバータによって交流に変換する必要がある。この変換の際、電力ロスが発生することから、より効率的な太陽光エネルギーの利用にはインバータの直流/交流変換効率の向上及び小型化が求められる。現在主流のパワー半導体デバイスにはSiが使用されているが、Siの材料物性を上回るものとして、図に示すような、SiC、GaNなどのワイドバンドギャップ半導体が次世代パワー半導体材料として期待されている。特にSiCワイドギャップ半導体はSiに比べて、バンドギャップが3倍、飽和速度が2倍、熱伝導度が3倍のため、動作温度・動作周波数を大幅に上げることができ高効率化が可能である。このことは機器全体の小型化につながる。SiC素子は300℃程度の高温でも動作するが、Si素子では200℃程度が限界である。これにより冷却機器の小

型化や省略が可能となる。SiC素子はSi素子よりスイッチング周波数を高くできるため、スイッチング電源回路を構成するインダクタなどの周辺部品を小さくすることができる。球状Si太陽電池は従来の平板Si太陽電池よりも、軽量でフレキシブルな特性をもつため、SiCインバータ及び蓄電池とともに一体化させることで、ポータブルかつ緊急災害時でも利用可能な電源の実用化が期待される。

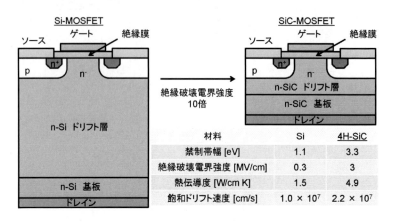

★ Si系MOSFET及びSiC系MOSFETの断面構造と、Si及びSiCの物性

コラム　宇宙のはじまり

　宇宙の誕生、つまり時空の発生そのものを説明する法則として、カリフォルニア大学サンタバーバラ校のハートルと、ケンブリッジ大学の車椅子の物理学者ホーキングは、1983年、原子や素粒子を波として扱う量子論の波動関数の考えを用いて、宇宙全体の波動関数を提案した。この量子論的宇宙創生論によれば、宇宙発生前には、虚数時間（$\tau = it$）が存在し宇宙発生の特異点のない状態である

　宇宙の波動関数は宇宙の初期条件を決めるが、このように宇宙を取り扱うと、初期の宇宙では未来と過去の区別はなくなり、時間が経過する方向は、空間の方向と区別できなくなる。ちょうど空間に果てがないように時間にも果てはなく、問題とする「宇宙のはじまり」という概念がなくなってしまうのである。

　また量子論で波動関数に関連する「トンネル効果」により、宇宙が大きさゼロから有限の大きさに自発的に成長する確率を与えるトンネル型波動関数を、タフツ大学のビレンケンが提案した。量子トンネル効果によりポテンシャルの山を通り抜け、宇宙のサイズがある大きさを超えると、$\tau = t = 0$となり実空間での時間が始まる。このような宇宙発生以前の虚時間の存在は、今後時間の理解においても重要な概念となると考えられる。

第7章

次世代太陽電池

第7章　次世代太陽電池

各種太陽電池の特徴

各種太陽電池の特徴と適用分野を表に示す。次世代材料としてペロブスカイト系太陽電池が急速に進展している。

★ 各種太陽電池の特徴と適用分野

分類	太陽電池材料	変換効率(%)	放射線耐性	信頼性	コスト	適用分類
Ⅰ バルク系	単結晶Si	25.6	△	◎	○	地上宇宙用
	多結晶Si	20.8	△	◎	○	地上電力用
Ⅱ 薄膜系	アモルファスSi	13.4	△	△	◎	民生用
	薄膜多結晶Si	12.3	△	○	○	地上電力用
	HIT	25.6	△	○	○	地上電力用
	CuInGaSe$_2$	21.0	◎	○	○	地上電力用
	CdTe	21.5	○	○	○	地上電力用
	CuZnSnS$_{4-y}$Se$_y$	12.6	△	△	◎	民生用
Ⅲ 高効率型	集光型化合物半導体多接合	46.0	◎	○	○	地上電力用
Ⅳ 宇宙用	GaAs	29.1	○	◎	△	宇宙用
	InP	22.1	◎	◎	△	宇宙用
	化合物多接合	38.9	○	◎	△	宇宙用
Ⅴ 次世代新材料	色素増感型	11.9	—	△	◎	民生用
	有機(カーボン)	11.7	—	△	◎	地上電力用
	ペロブスカイト	20.2	—	△	◎	民生用

★ 各種太陽電池の変換効率と年間生産量

太陽電池材料	モジュール変換効率 (%) 市販レベル	モジュール変換効率 (%) 研究開発レベル	小面積セル変換効率 (%) 研究開発段階	世界の生産量 2007年 (MW)	電力用途に対する将来展望
バルク太陽電池					
単結晶シリコン	13〜18	22.9 (778 cm^2)	25.0 (4 cm^2)	1355	製造設備 25GW (2010)
多結晶シリコン	13〜15	15.5 (1017 cm^2)	20.4 (1 cm^2)	1837	
GaInP/GaAs/Ge 3接合	—	—	41.1 (0.05 cm^2) 454倍集光	—	集光システム用
薄膜太陽電池					
アモルファスシリコン a-Si	6〜7	6〜8	9.5 (1 cm^2)	168 (合計)	製造設備 4.8GW (2010)
a-Si / nc-Si 2接合	9〜10	12〜13	15.0 (1cm^2)		
Cu(InGa)Se$_2$	10〜11	13〜15 (900cm^2)	19.4 (1 cm^2)	40	製造設備 1.3GW (2010)
CdTe	10〜11	11〜12 (40×120cm^2)	16.7 (1cm^2)	219	504 MW 生産(2008) 1GWの生産設備 (2010)
色素増感	—	8.4 (17 cm^2)	10.4 (1 cm^2)	—	民生用途より
有機半導体	—	2.05 (223 cm^2)	5.15 (1 cm^2)	—	効率、信頼性向上課題

発電コスト

原子炉事故により、再生可能エネルギー導入が、大きく注目されるようになっている。太陽光発電はその重要候補の一つであり、国内外でメガソーラー太陽光発電計画が進んでおり、原子力や化石燃料と同程度以下までの低コスト化が第一の必須

課題、幅広い光スペクトルを利用した高効率化が第二の必須課題となっている。

太陽電池で最も問題となっているのは、発電コストである。エネルギー白書 2010 に基づく図を見ると、太陽光発電は、火力発電や原子力発電より 6 倍くらい高い。原子力発電は、稼働率、核廃棄物処理、災害対策費などを考えると 10 円 kWh^{-1} 以上とする試算もある。太陽光発電の発電コストは生産量の拡大により、コストが下がりつつある。

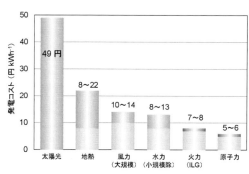

★ 電源別発電コスト比較

第三世代太陽電池

第三世代太陽電池では、高効率と低コストを同時に実現しなければならない。そのためには薄膜構造で、環境負荷を与えず、資源量豊富で、安定で耐久性があり、非毒性物質でなければならない。潜在的な効率の可能性を検討した結果が図に示されている。74%の熱力学的な限界に到達するためには、物理の基本法則である時間に対する非対称性に反する、循環器のような交換器が必要である。時間対称な方法では、68%の最高効率となる。この限界に近づく方法は、タンデムセルやホットキャリアセルなどがある。

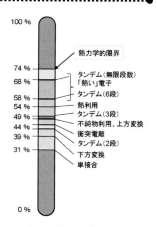

★ 太陽電池と限界効率

新規太陽電池

変換効率40%以上を目標とする新規太陽電池の概念図を示す。一種類の半導体では、通常光吸収の波長の範囲は一定である。マルチバンドでは、光の吸収波長を多段階にして、広範囲の光を吸収することが可能である。複数のバンドを持った太陽

電池で、バンドギャップ中にエネルギー準位（ミニバンド）を生じ、低エネルギー光でも励起でき、太陽光の幅広いスペクトルをカバーできる。40%以上の高効率を実現するために、①タンデム型、②中間バンド型、③マルチエキシトン型、④ホットキャリア型などが考えられている。量子ドット中では、キャリヤのエネルギー緩和時間が遅い点（フォノン相互作用の遅延）を利用して、一つのフォトンから複数の電子を生成するマルチエキシトン方式や、高いエネルギー状態にあるホットキャリアを直接取り出す手法がある。

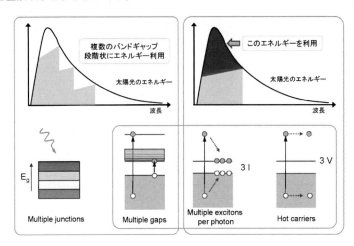

★ 新規概念太陽電池

量子ドットタンデム型太陽電池

　量子ドットとは、電子を3次元的に閉じこめられるナノ構造である。キャリアが孤立したドット中では、原子中の電子のように離散した飛び飛びのエネルギーレベルを作る。この中に、電子を閉じこめることで、電子の量子力学的な波の性質を利用できるようになる。

　量子ドットは、サイズに応じて吸収する光の波長が変化する。これを量子サイズ効果という。小さい量子ドットは短い波長の光（青色）を吸収し、大きい量子ドットは、長い波長の光（赤色－赤外線）を吸収する。これを利用したのが量子ドット型太陽電池である。

　pin 構造太陽電池で、i 層に量子ドットを用いると、量子ドットのエネルギー準位のため、通常より低いエネルギーでの光励起が可能となる。量子ドットにより作製された励起子は、熱的離脱により移動していく。

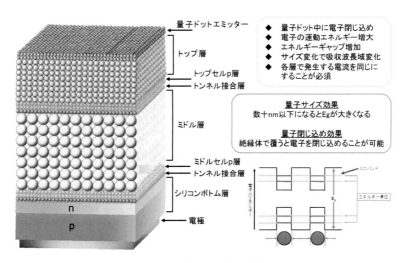

★ 量子ドットタンデム型太陽電池

　量子ドット太陽電池の利点は、単一接合セルで高い変換効率が期待できる点である。タンデムにすることにより、さらに高効率化が可能である。課題点としては、量子ドット材料の問題、ドットサイズの制御、配列の問題などがある。
　量子ドット太陽電池は、量子ドットを用いたマルチバンド型太陽電池を意味することが多い。これは、量子ドットを多数配列し、量子ドット間の相互作用が起こるくらい近づけると、新たな吸収帯（ミニバンド）が形成され、マルチバンド型太陽電池となるものである。

中間バンド型太陽電池

　多接合型太陽電池を究極まで押し進めたのが、中間バンド型太陽電池である。量子ドットや超格子構造などを用いて中間バンド構造を実現すれば、太陽光に含まれる全波長の光を有効利用できる。低エネルギーでも電子を励起し、エネルギーを分割して有効利用可能となる。
　半導体量子ドットを3次元状に規則的に多数配列させることができれば、量子ドット間の結合により、材料本来のバンドとは異なるエネルギー準位に中間バンドを形成できる。ミニバンドを形成するには、量子ドットを三次元的に規則正しく配列する必要がある。
　中間バンド方式は、複数のバンド間の光学遷移を利用して、太陽光スペクトルとの整合性を高め、幅広い波長の光の吸収を狙っており、単接合太陽電池で太陽光が

第7章 次世代太陽電池

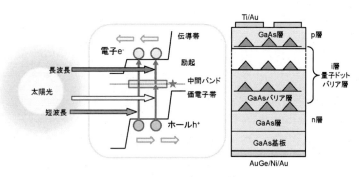

★ 中間バンド型太陽電池

透過してしまう損失を少なくできる。電子とホールの量子ドットからの脱出速度を、再結合速度より大きくするために、中間バンドの厚さは10 nm以下に薄くする必要があり、構造制御が重要である。

マルチエキシトン生成

マルチエキシトン生成（MEG）方式やホットキャリア方式では、高いエネルギーの光を活用し、熱エネルギーの損失を少なくするために量子効果を用いる。

バルク結晶中では、高いエネルギー準位に励起された電子とホールは、ピコ秒の短い時間にキャリア散乱とフォノン放出を経て、エネルギー緩和を生じる。しかし量子ドット中では、キャリアが閉じ込められる結果、熱としてエネルギーが失われるまでのフォノン相互作用エネルギー緩和時間が遅くなる。このためマルチエ

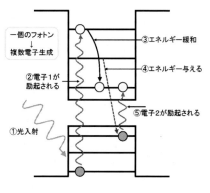

★ マルチエキシトン生成

キシトン生成を利用して太陽電池の高効率化を図る。光によって生成した電子がさらに別の電子を励起するため、フォトンによる内部量子効率が200％、300％にもなる。その際に、光はそれぞれバンドギャップの2倍、もしくは3倍のエネルギーをもつ必要がある。PbS、PbSe、Siなどでマルチエキシトンが確認されている。量子ドット中で生成するキャリアを外部に取り出す素子構造の最適化が課題となる。

ホットキャリア型太陽電池

　ホットキャリア型太陽電池の基本構造を図に示す。光は、吸収層で吸収され、通常の太陽電池と同様に価電子帯から伝導帯へ電子を励起する。ホットキャリアセルでは、励起されたキャリアがバンド端まで緩和する問題を防ぐように設計する必要がある。通常はこの緩和が生じるが、この緩和を止めることがホットキャリア型太陽電池の目標である。さらにこのホットキャリアを外に取り出すことが必要である。接触は非常に狭いエネルギー範囲でのみ可能で、キャリアはすぐ冷たくなってしまう。量子ドットによるキャリアのエネルギー緩和時間の増大とトンネル接触でホットキャリアを取り出せる可能性がある。

　ホットキャリアがエネルギーを失うのは、光吸収材料における原子との衝突で、量子力学的粒子であるフォノンの振動を引き起こすためである。ホットキャリア型太陽電池の研究では、フォノン物性の制御が重要になる。フォノン制御の一つの方法は、量子ドットを規則的に配列することである。量子ドット超格子は、フォノンを制御し、光学特性を改善する。より小さな量子ドットは、トンネル接触によりホットキャリアを外部に取り出すことを可能にする。ドットのサイズは数 nm 程度で、電極から共鳴トンネル接合に必要な 15 nm 程度の距離が必要となる。

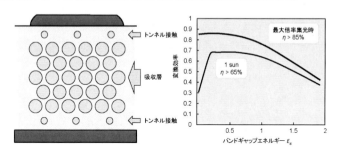

★ Si ホットキャリアセル概念図と理論変換効率

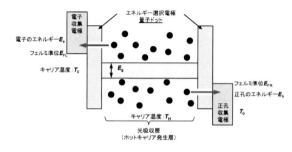

★ ホットキャリア型太陽電池のバンド構造

ドナー・アクセプター型有機系太陽電池

　炭素原子は、恒星におけるHe原子核融合により生成され、宇宙全体に多数存在している。光合成などの生命活動や人工光合成においても、二酸化炭素CO_2や$C_6H_{12}O_6$など非常に重要な役割を果たしている。最近は、フラーレンC_{60}を用いた有機薄膜太陽電池の研究が進展している。有機太陽電池は塗布法で作成でき、真空プロセスを必要とせず安価かつ簡便に大面積化でき、フレキシブル化可能という利点がある。

　無機太陽電池と有機太陽電池では、原理が異なる。有機薄膜太陽電池では、ドナー（フタロシアニン等）層が光を吸収し、ドナーのHOMO（最高占有分子軌道）からLUMO（最低非占有分子軌道）へ電子を励起し励起子が発生する。さらに励起子が拡散し、ドナー・アクセプター界面で電荷分離する。そして分離した電子はアクセプター（フラーレン等）中を移動、ホールはドナー中を移動し電極に到達し電流が流れる。

　有機太陽電池の効率を決定する要素としては、図に示すように、励起子生成効率η_1、励起子移動効率η_2、電荷分離効率η_3、電荷移動効率η_4の4つを総合したものになる。全体の効率はかけ算になるので、すべての効率を高くする必要がある。有機系太陽電池では、η_1、η_3は高いが、励起子の拡散長が非常に短く数nm程度で、η_2、η_4が低い問題がある。

　有機系太陽電池の欠点は、エネルギー変換効率が低いことである。光によって生じた励起子（電子−ホール対）が再結合しやすいためである。太陽光発電は、光に

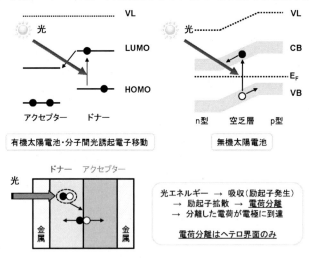

★ 有機太陽電池の動作原理

より励起子が生じ、それらが電子とホールに解離、電子が一方の端に、ホールが他方の端に集まることで電位差を生じる。光により生じた励起子が電極に着く前に再結合すると、エネルギーが光として再度放出されるだけで電力とはならない。

有機系太陽電池で再結合が起こりやすい理由は、キャリア移動が遅いためである。生じた励起子が電荷分離する pn 界面に到達するのに時間がかかり、途中で再結合してしまう。また励起子のサイズ（電子とホールの距離）が小さいため再結合しやすい。

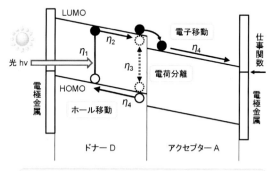

η_1: 光の吸収 ⇒ 励起子生成　　η_2: 励起子が界面へ到達
η_3: 励起子が電子と正孔へ分離　η_4: 電子と正孔が電極へ到達

★ 有機系太陽電池の電荷分離と電荷移動

バルクヘテロ接合型太陽電池

バルクヘテロ接合という新しい形の接合により、最近では10%を超える変換効率が得られている。これまでの有機太陽電池は、p 型有機半導体と n 型有機半導体を単純に結合した pn 接合であったが、p 型と n 型の間に p 型有機半導体と n 型有機半導体の混合層を形成することで、真性半導体層（i 層）を組み込んだ pin 接合を形成するものである。フラーレン系の場合、混合層では、析出した p 型分子結晶がアモルファスフラーレンのマトリクス中に取り囲まれている。

ここに光が照射されると、まず p 型分子とフラーレン境界付近で励起子が生成する。バルクヘテロ混合層になっているため、励起子は数 nm 移動すれば pn 接合界面に到達できる。界面で電子は n 側へ、ホールは p 側へ解離する。それぞれのキャリアは接触によって繋がった結晶やマトリクス中を移動し電極へ至り、電流として取り出せる。従来型の積層型ヘテロ接合の利点は、D層・A層に電荷移動度が高く、内部抵抗の低い材料を用いることで高い効率が実現できる。しかし、D/A界面の近傍で生成した励起子しか光電流に寄与しない。

一方のバルクヘテロ型接合では、ドナーとアクセプターの界面面積が広く、電荷分離が効率的である。しかし、電荷輸送経路が複雑で、電荷を外部に取り出しにくい。結局、キャリア生成、輸送が共に優れている相互浸透型が有効と考えられ、ナノチューブ、ナノロッドを用いた新規構造の探索が進んでいる。

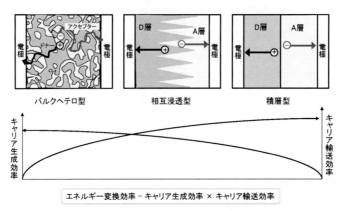

★ 有機薄膜太陽電池で検討されている主要なデバイス構造

励起子

励起子とは、半導体や絶縁体中で励起状態の電子－ホールの対が、クーロン力によって束縛状態となったもので、エキシトンとも呼ばれる。クーロン力は、比誘電率を ε として、次式で表わされる。

$$F = \frac{1}{4\pi\varepsilon\varepsilon_0} \frac{q_1 q_2}{r^2} \tag{7.1}$$

励起子の電子－ホールがともに動きエネルギーのみ運ぶ。太陽電池においては、この電子－ホール対を解離させて、初めて電流が流れる。励起子は、伝導帯の電子と価電子帯のホールの結合状態を波動関数として扱った励起波から物理的に導かれる。二種類の励起子、フレンケル励起子とワニエ励起子は、励起波の極限的モデルであり、実際の物質における励起子は両者の中間状態である。

① モット－ワニエ励起子（電子－ホールの結合が弱い）
励起状態の波動関数の広がりが格子定数に比べてかなり大きい励起子である。この励起状態は、1つの格子点の周りに空間的に広がった状態で、電子とホールが緩く束縛され、束縛エネルギー準位は水素に類似する。多くのイオン結晶やイオン性半導体において、このワニエ励起子に近い励起状態が結晶中を伝播する。

② フレンケル励起子（原子・イオンに束縛され結合力が比較的強い）

　励起状態の波動関数の広がりが格子定数に比べてかなり小さい励起子である。この励起状態は、格子点の原子・イオンの励起状態に近く、ある波数をもって格子点を共鳴的に移動して結晶中を伝播する。多くの有機分子性結晶において、このフレンケル励起子に近い励起状態が、結晶中を伝播する。

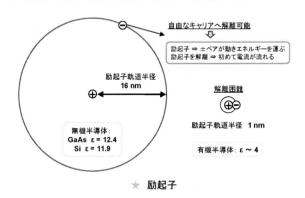

★　励起子

　励起子の生成過程は、まず光などの励起により、絶縁体又は半導体の価電子帯の電子が伝導帯に遷移し、伝導帯に電子、価電子帯にホールが形成され、クーロン引力が生じる。この励起子は、陽子と電子がペアを組んだ状態が水素原子であるように、電子とホールがペアを組んだ状態を一つの粒子として取り扱うことができる。励起子は非金属結晶中における代表的な電子励起状態であり、光学特性に大きく寄与する。

　励起子生成に必要なエネルギーは、電子・ホール間の束縛エネルギーの分だけバンドギャップエネルギーよりも低く、励起子はより安定な状態である。したがって、反射スペクトルでは、バンド間遷移による連続スペクトルよりも低エネルギー側に鋭いピークとなって現れる。

　変形しない硬い格子を伝搬するものは自由励起子と呼ばれ、結晶中を自由に動くことができる。格子振動している格子を伝搬する自己束縛励起子は、格子振動との相互作用により、特定の場所に局在する。

色素増感太陽電池

　色素増感太陽電池（DSSC）は、原理的には酸化亜鉛ZnOなど金属酸化物などによる電子とホールの分離による起電力を得る湿式太陽電池として古くから知られていた。1991年にグレッツェルにより、二酸化チタンTiO_2微粒子表面に色素を吸着する

ことで飛躍的に起電力が増加することが見出され、実用的な低コスト太陽電池として注目を集めている。

In/SnO₂系の透明電導層を表面に持つガラス板、透明プラスチックシート上に、TiO₂微粒子を固定し、TiO₂微粒子にRu系などの有機色素を吸着させた電極と、白金や炭素などの対極の間に、ヨウ素溶液などの酸化還元体を充填した、簡単な構造と汎用的材料からなる。

電池に光照射すると、負極のTiO₂に化学吸着している増感色素が光励起し、つづいて色素からTiO₂への電子注入が起こり、色素が酸化される。電子を失った色素は、やがて電解液中のヨウ素から電子を奪い還元され、ヨウ素は正極から電子を受け取り元に戻る。

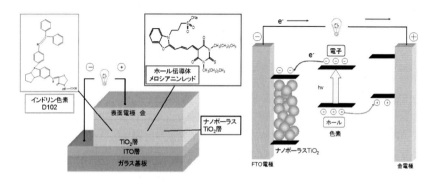

★ 固体型色素増感太陽電池の構造とエネルギーレベル図

最高変換効率12%で、Siの製造コストと製造時エネルギー消費量に比較して、低コスト、低エネルギーで生産できる。プラスチックシート上にフレキシブルなセルを製造できる。透明電極を使用することができるため、色素の選択により多彩な色が可能である。劣化が早く耐久性の向上が必要とされている。

ペロブスカイト系太陽電池

2013年7月にスイスのグレッツェルらにより、ペロブスカイト構造をもつ$CH_3NH_3PbI_3$を用いて、15%という非常に高い光電変換効率が発表され世界中で大きな話題となった。有機薄膜太陽電池の全固体型薄膜形成プロセスによる有機ヘテロ接合と、色素増感型太陽電池の多孔質金属酸化物を電子輸送半導体として使用する構造を組み合わせ、有機薄膜太陽電池や色素増感型太陽電池より高い変換効率を得ることに成功したのである。2016年3月現在では20.2%とアモルファスSi薄膜太陽電

第7章　次世代太陽電池

池以上の光電変換効率が達成されている。このペロブスカイト構型CH₃NH₃PbI₃は図に示すように、57℃以上で立方晶構造、室温で正方晶構造、−112℃で斜方晶構造に相転移する。

　ここでは、ペロブスカイト構造をもつCH₃NH₃PbI₃の構造と光起電力特性を調べた一例を示す。洗浄したFTO基板に緻密層TiO₂を形成し、その上に多孔質TiO₂を形成した。その後、ペロブスカイト構造を持つCH₃NH₃PbI₃をスピンコートし、100℃で15分間熱処理した。ペロブスカイト相を積層した基板上に、異なる正孔輸送材料をスピンコートし、最後にAu電極を蒸着し光電変換素子とした。図は多孔質TiO₂/ペロブスカイト層の電子回折パターンである。電子回折パターンに示されているPはペロブスカイト構造のミラー指数、Tはアナターゼ型TiO₂構造の指数を示している。TiO₂は図に示すアナターゼ構造のナノ粒子構造を有するため、図はデバイシェラーリングを示している。ペロブスカイト構造は立方晶で指数付けしており、電子線入射方向は[210]である。図は高分解能電子顕微鏡像でPb原子配列を直接観察したものである。図に示すCH₃NH₃PbI₃の[100]入射構造モデルのようにPb原子が配置していると考えられる。図は、ペロブスカイト型CH₃NH₃PbI₃系太陽電池のJ-V特性であり、異なるホール輸送層を製膜したときの結果を示す。光電変換素子の概略図を図中に示す。ホール輸送層にはspiro-OMeTAD、P3HT、PEDOT:PSSを使用し、ホール輸送層を含まない太陽電池も作製した。最も良い特性を示したのは正孔輸送材料にspiro-OMeTADを用いた素子で、変換効率は5.78％を示した。

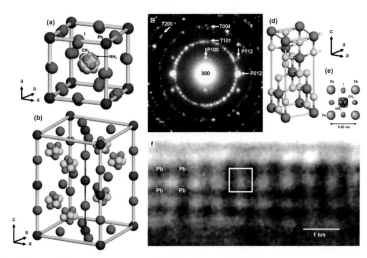

★　ペロブスカイト型 CH₃NH₃PbI₃の(a)立方晶及び(b)正方晶構造、(c)TiO₂/CH₃NH₃PbI₃の電子回折パターン、(b)TiO₂構造モデル、(d)a軸投影原子配列モデル、(e)高分解能電子顕微鏡像

113

Spiro-OMeTADはこのハイブリッド型太陽電池によく用いられるアモルファス性ホール輸送材料の一つである。Spiro-OMeTADはサイズ約3 nmの分子量1225の低分子で、直径数10 nm程度のTiO$_2$多孔質膜の空孔内に入り込み、ペロブスカイト層と密な接合が可能になり、電荷移動がしやすくなったと考えられる。またSpiro-OMeTADのガラス転移温度は125℃と固体ホール輸送材料の中では比較的高い値を持ち、結晶化しにくく、ホッピングホール移動の障害となる結晶粒界が発生しにくいと考えられる。光吸収特性及び外部量子効率を図に示す。これらの結果からペロブスカイト型CH$_3$NH$_3$PbI$_3$は吸収波長380~800 nmの広域で光吸収し、効率よく光電変換していることが明らかになった。ペロブスカイト系太陽電池の今後の発展が期待される。

炭素系太陽電池

炭素は自然界を循環する再生可能資源であり、導電体（グラファイト）、半導体（フラーレン、アモルファス）、絶縁体（ダイヤモンド）と様々な形態をとりうる。特に、フラーレンやアモルファスカーボンは電気的・光学的に広く応用でき、炭素系太陽電池に用いられる材料として期待されている。現在報告されている炭素系太陽電池はシリコン基板上に炭素薄膜を積層させることで作製されている。アモルファスカーボン／シリコン系太陽電池では変換効率1〜2%が報告されている。

太陽電池構造	E_g (eV)	V_{OC} (V)	J_{SC} (mA cm^{-2})	FF	変換効率 (%)
アモルファス n-C:H/p-Si	0.9	0.4	15	0.38	2.1
アモルファス n-C:P/p-Si		0.265	10.5	0.54	1.25
アモルファス p-C:B/p-Si	2.2	0.22	0.354	0.48	0.04
アモルファス p-C:B/p-Si	0.85	0.27	2.2	0.53	0.3

炭素の性質
- 自然を循環する再生可能材料
- 導電体（グラファイト）
- 半導体（フラーレン・アモルファス）
- 絶縁体（ダイヤモンド）など様々な形態

→ 炭素系太陽電池への利用に大きな期待

★ 炭素系太陽電池

宇宙太陽光発電

宇宙太陽光発電システム（Space Solar Power System：SSPS）は、宇宙空間上で太陽光発電を行い、その電力を地上に送る発電方法である。マイクロ波発電はこの発電方法の一種で、伝送手段としてマイクロ波を用いている。電気エネルギーをマイ

クロ波やレーザーに変換し、送電アンテナから送り、受電アンテナで再度電気に変換する。

　太陽光は地表に届くまでに、大気の吸収などにより減衰し、天候により変化する。大気圏外で発電し、大気透過率の高い波長の電磁波に変換して地上へ送る方が、損失が少なく効率が良くなり安定する。軌道によっては日没の影響も減少し、10倍程度宇宙の方が有利といわれる。

　宇宙太陽光発電は、宇宙空間にある発電衛星と地上の受信局によって行う。地球の衛星軌道上に設置した施設で太陽光発電を行い、その電力をマイクロ波またはレーザー光に変換して地上の受信局（砂漠または海上）に送り、地上で再び電力に変換する。発電衛星と送電中継衛星を利用すれば、夜間でも安定的に地上への電力供給ができ、無尽蔵の電力を24時間365日にわたって利用できる。発電施設の設置場所を軌道上ではなく、月面に固定することもできる。

　マイクロ波送電など原理的には可能になっているが、打ち上げコスト、材料劣化対策、装置維持など技術的課題もある。宇宙航空研究開発機構は2020年から2030年あたりの商用化を目標にしている。

　長所としては、10 km 四方の受電設備で1 GW、エネルギー密度10 W m^{-2}、資源の枯渇の心配無し、受電設備下は居住区や農地に利用可能などがある。短所としては、修理が困難、波長により送電時に大気により減衰、衛星・無線通信への影響の可能性、軌道修正が必要で定期的に推進剤補充、地球の影に入った場合発電量が低下、放射線による劣化などがある。

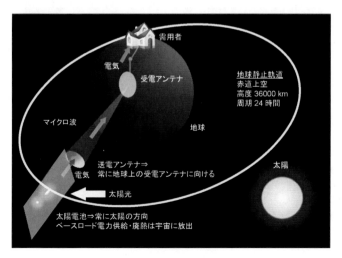

★　宇宙太陽光発電

第7章　次世代太陽電池

コラム　　時間の非対称性

　時間が流れるというイメージは、時間の非対称性（時間の矢）が生み出すものであるが、これには2つの原因が考えられる。

　1つは過去と未来に関する熱力学的な相違である。エントロピーの概念は系の情報量に密接に関係し、記憶の形成は一方向的過程となる。つまり新しい記憶は脳に情報を加え、エントロピーを変化させる。我々はこの非対称性を時間の流れとして感じているのかもしれない。

　もう1つは、量子力学と何らかの関係がある可能性である。量子力学では、時間は空間とはまったく異なる方法で取り扱われてきており、これが量子力学と一般相対論との融合を難しくしている一因である。ハイゼンベルクの不確定性原理によれば自然は本質的に不確定で、このため未来や過去は未決定なものである。この不確定性は原子サイズの微小な世界で最も明確に表れ、一般には様々な特性を、観測を通じて瞬間ごとに決定することができない。

　量子論的不確定性は、特定の量子状態に対して、その未来の状態に無限の可能性があり、それらが現実となりうるということを示している。量子力学はどんな結果が観測されるのか、一つ一つの可能性について相対的な確率を与える。しかし、どの可能性が最終的に現実となるのか、その運命については何も語らない。しかし人間が観測をすると、ただ1つの結果が得られる。電子の散乱なら、ある特定の方向に飛ぶ電子が観測される。膨大な可能性の中からただ1つの特定の現実が、観測により選び出される。観測者の心の中で、可能性が現実へと遷移する。未決定の未来から確定した過去への変化、これはまさに我々が時間の流れとして考えているものである。多くの可能性がどのようにして唯一の現実へと遷移するかについて、物理学者の間に意見の一致はない。ただし多くの物理学者は、この遷移が観測者の「意識」に関係していると考えている。観測という行為そのものが自然を確定させることにつながっているからである。オックスフォード大学のペンローズらは、時間の流れというイメージを含む意識が、脳内の量子過程に関係していると考えている。

　時間の矢は、熱力学第2法則によって説明されると考えられている。第2法則によればエントロピー（ある系の無秩序さ）は時とともに増大する。しかし、第2法則がなぜ成立するのか、その本当の理由は誰も説明できていない。時間の矢は、この世界が時間について非対称であることを表しているのであって、時間そのものの非対称性や流れを意味してはいない。時間の非対称性は時間そのものの特性ではなく、この世界の状態が持つ特性である。

コラム　　アインシュタインの人生観－科学

★　過去、現在、未来の区別は、単なる幻想である。

★　知恵とは、学校で学べるものではなく、一生をかけて身につけるべきものである。

★　専門的な知識の習得ではなく、自分の頭で考え判断できる能力の発達を、常に優先するべきである。

★　われわれは何も知らない。われわれの知識のすべては、小学生と変わらない。

★　肉体と精神という同じことを異なる形で知覚するだけ。物理学と心理学も、系統的な思考によって結合させようとする二つの異なる試みに過ぎない。

第8章

半導体界面とデバイス

第8章　半導体界面とデバイス

多重量子井戸レーザー

　レーザーは、光を増幅して放射する装置で、レーザー光は指向性や収束性に優れ、発生する電磁波の波長を一定に保てる。特に半導体レーザーは、半導体の再結合発光を利用したレーザーである。半導体の構成元素で発振する周波数、レーザー光の色が決まる。

　レーザーの発振には、反転分布の形成が必要で、半導体に数Vの電圧を印加し電子を注入し励起する。*pn* 接合両端から電子とホールを加え、再結合する時にフォトンの形でバンドギャップに相当するエネルギーを放出する。量子井戸構造を用いて、電子とホールを接合部の狭い領域に高密度に注入することで、最初の小規模に放出された光が次々と誘導放出することで継続的に発光し、雪崩のように光量が増す効果を利用する。　誘導放出によって増幅された光は、共振器構造で発光領域内を何度も反射し、光は位相のそろったコヒーレント状態で増幅され発振し、レーザー光がハーフミラーである端面から放射される。共振器を半導体基板と平行に形成し、へき開した側面から光が出射する構造で、端面発光レーザーという。

　半導体レーザー（LD）は、レーザー発振の条件を満たした発光ダイオード（LED）で、LEDと同様にダブルヘテロ構造を備えた光学半導体である。LEDと異なる点は、へき開によって作られた活性層の片側が半反射する鏡（ハーフミラー）と全反射する鏡面になりキャビティ構造によって共振器を構成する点である。これらの反射面は屈折率の異なる層で構成され、活性層をはさむクラッド層との境界面も屈折率が異なるため全反射して、光が漏れにくい構造になっている。クラッド層の外部にはストライプ状の電極があり、電界が加わる領域を細く限定する。ストライプ電極から5 V程度の電圧を印加し、電子がクラッド層を経由し活性層内を流れると、途中の原子は励起され自然放射によって最初のフォトンが放たれる。フォトンが周囲に放射されると電界によって活性化されていた原子が誘導放射し、入射光と同じ波長・位相の光が放出される。最初の入射光はそのまま通過し、誘導放射した光は入射光の2倍になる。この連鎖反応で光量が増加し、反射面で反射を繰り返し往復する光だけが強度を強め、やがて同じ波長・位相を持った光だけが主体となり共振状態となる。共振領域はクラッド層に挟まれた薄い活性層とストライプ電極の近傍、へき開面の半反射鏡の内側に限定される。活性層はnmレベルでストライプ電極はμmオーダーのため、光が誘導放射される領域は平たくなっている。

　光はハーフミラーである一端から放射され、へき開面からの出射光は楕円形状で、出射時の屈折率の違いから光が回折を受け、放射光は楕円の向きが90度回転する。

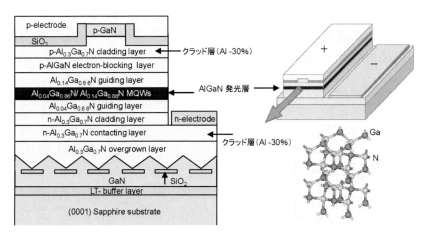

★ GaN系LD 多重量子井戸構造（紫外レーザー）

GaAs-VLSI用オーミック接合

　GaAs化合物半導体デバイスは、GaAsの電子移動度がSiの5倍と高いため、超高周波・超高速デバイスおよび光デバイスへ応用されている。身近なところではレーザーディスク、BSチューナー、携帯電話などに使用されている。このようなデバイスの性能を上げるにはデバイスを縮小すればよい。つまりスケールを半分にすれば、計算に要する時間が半分になり消費電力も1/4になる。しかしスケールが半分になると、金属と半導体の界面でのコンタクト抵抗（R_C）が2〜4倍に増大し、電気信号の遅れや熱発生の問題が生じデバイスの信頼性が低下する。

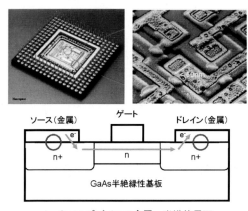

★ GaAsデバイスの金属－半導体界面

第8章　半導体界面とデバイス

　半導体内の電気信号を外部に引き出すためには半導体に金属を接合すればよい。しかしただ接合しただけでは金属と半導体の界面にエネルギーバリアが生じ、電子が自由に行き来できず大きな抵抗を生じる。電子を自由に行き来させるには、2つの方法がある。1つは界面での電子の数を増やす方法（高濃度ドーピング）で、もう1つは半導体と金属の間に別の層をはさみこみバリアを小さくしてやる方法（低障壁バリア）である。このように電子が半導体から金属へ自由に行き来できるようにする材料をオーミック・コンタクト材と呼び、デバイス性能を100%引き出すために必要不可欠なものである。このオーミック・コンタクト材は、低いコンタクト抵抗、良好な熱安定性、半導体への小さい拡散、滑らかな表面という厳しい条件をすべて同時に満たさなければならない。

　金属を n 型半導体に接触させると、エネルギーバンド図に示すような電子移動障壁（エネルギー障壁）が金属－半導体界面に形成される。一般にこの障壁高さ(φ_b)は金属の仕事関数が大きいと低くなり、障壁の厚さは半導体のドーピング濃度(N_D)が高いと薄くなる。しかし n 型 GaAs においては、障壁の高さが金属の仕事関数に依存せず、ほぼ一定値の 1.3×10^{-19} J (0.8 eV) を示すピニングという現象が生じる。障壁高さが低いときには、障壁の高さよりも高いエネルギーを持つ伝導電子が界面を移動し、障壁の厚さが薄い時には伝導電子は障壁をトンネルすることができるので、金属－半導体界面での電圧降下は少ない。降下量は界面での接触抵抗値の大小で決定できる。金属－半導体界面の電気伝導機構がトンネル機構であるとき、この接触抵抗値 R_c と障壁高さφ_b、ドーピング濃度 N_D との関係を式で表すと次のようになる。

$$R_c \sim \frac{\varphi_b}{\sqrt{N_D}} \tag{8.1}$$

　したがって、半導体に低抵抗のオーミック・コンタクトを形成するためには、界面近傍の半導体に高濃度のドーピングを行うか、金属半導体界面に半導体中間層を挿入し障壁高さを低下させればよい。

　金属を p 型半導体に接触させた場合は、n 型のエネルギーバンド図をフェルミ準位で面対称にした構造になる。p 型 GaAs ではイオン注入法を用いて十分高濃度（$N_D > 10^{25}$ m^{-3}）のドーピングができるため、低接触抵抗のコンタクトが容易に実現されている。n 型 GaAs の場合、分子線エピタキシー(MBE)法を用いれば、~10^{25} m^{-3} の高濃度ドーピングが可能であるが、通常はさらにピニングにより高い障壁が生じる。イオン注入した n 型 GaAs に対する信頼性のある低接触抵抗のコンタクト材の作製が長年の課題となっている。

　一般にコンタクト材は金属薄膜を半導体基板に蒸着し、熱処理することによって形成するが、GaAs は材料学的に Si に比べて複雑である。Si の場合は単元素の金属を

120

コンタクト材として用いた場合、Si を基とした二元系状態図が存在するため、熱処理後 Si と反応し熱力学的に安定な二元系の化合物（シリサイド）を予想することが可能である。

一方 GaAs の場合は、単体金属を接触させても、金属・Ga・As の三元素が界面反応に関与し、三元系の熱力学的データが不足しているため、界面生成物を予想することが困難である。したがって実験を行わずに熱安定な界面構造設計はほぼ不可能で、従来のコンタクト材の開発は、錬金術的な手法で行われてきた経緯がある。このように GaAs 半導体におけるオーミック・コンタクト材開発には、Si 半導体コンタクト開発で得られた情報以外の、独自の系統的な基礎および応用研究が必要となる。

このデバイス性能を 100 %引き出すために必要不可欠な厳しい条件を満たす NiGe オーミック・コンタクト材が開発された。しかし肝心のコンタクト抵抗 R_C が約 1 Ω mm と高いため、VLSI に適用するには、少なくとも R_C を 1/3 以下に低下させる必要がある。NiGe コンタクト材への微量の第 3 元素添加で NiGe コンタクト材の特徴を維持しながら、コンタクト抵抗を大きく低下させることに成功した。

第 3 元素として選択した元素は、金 Au とインジウム In である。GaAs 上に Ni、第 3 元素、Ge の順序で蒸着し、400〜600°C の熱処理を行う。すると In または Au の効果により、R_C がそれぞれ 0.3 Ω mm および 0.2 Ω mm と大きく低下した。

この極微量の第 3 元素がコンタクト抵抗に与える影響を明らかにするために、高分解能電子顕微鏡により観察した。薄膜蒸着直後の金属－半導体界面には、GaAs 半導体表面基板洗浄後にすぐ自然酸化膜が形成し、この酸化膜が電子移動を阻害する。

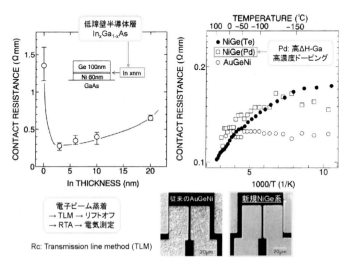

★ GaAs デバイスのコンタクト抵抗と温度依存性

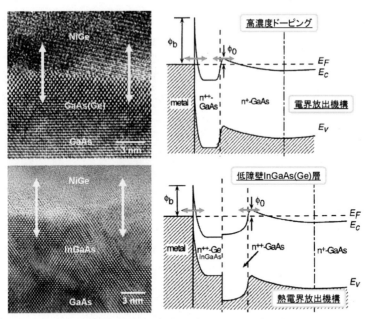

★ 金属-半導体界面の高分解能像とエネルギーバンド図

　また GaAs の上に積層した Ni の一部は、酸化膜を拡散し GaAs 結晶格子間に入り込んで Ni_xGaAs という化合物を形成する。そのため GaAs の原子配列はほとんど乱されず、Ni_xGaAs がきれいに GaAs の上に成長する。次に反応初期（200～300℃）において、Ni_xGaAs はさらに数 10 nm 程度まで成長する。GaAs との方位関係は $(102)Ni_xGaAs // (110)GaAs$ である。ここで Ni は Ge と結合エネルギーが強いため、上の方にある Ge 原子の一部が Ni に引き寄せられ、この Ni_xGaAs 化合物中に含まれていると考えられる。

　さらに温度を上昇させると（400～700℃）、Ni_xGaAs 中の Ni が上方の Ge と結合し NiGe を形成し、Ni_xGaAs は完全に GaAs に戻り（regrown GaAs）、Ni_xGaAs 中に存在した Ge は regrown GaAs 中にとり残される。またこの際、Ni_xGaAs の上方に存在した GaAs の自然酸化膜はほぼ壊されるので電子が移動しやすくなる。形成される NiGe は融点が 850 ℃ と非常に高く、優れた熱安定性や滑らかな表面に大きく寄与している。

　第 3 元素として In を加えた場合、In が GaAs と結びつき $In_xGa_{1-x}As$ を形成し、この層は金属-半導体界面のバリア高さを低下させる役目を果たし、コンタクト抵抗も大きく低下する。Au を加えた場合、図のように regrown GaAs の上に直接 NiGe が形成される。ここで Au は GaAs 中の Ga を吸い出す役目を果たす。すると Ga が抜け

た原子位置に、regrown GaAs 中にある Ge が入り込む。Ga は 3 価、Ge は 4 価であるから Ge の方が電子が 1 個多い。よって界面近傍の電子の数が増加してコンタクト抵抗は大きく低下する。コンタクト抵抗の温度依存性の測定から、金属半導体界面での、電界放出機構と熱電界放出機構を区別することができる。

高分解能電子顕微鏡像よりわかるように、Ni が GaAs 中に侵入し Ni_xGaAs を形成し、均一な界面の形成に大きな役割を果たす。この Ni_xGaAs の形成は、デバイスの縮小化を考えるとできるだけ小さい方がよい。また図では、現在工業的に使用されているコンタクト材に比べて、非常に均一な界面を示している。界面が均一であれば電気信号を正確に伝えることができ、デバイスの信頼性が向上する。

熱力学的指針による材料選択を行い、高信頼性コンタクト材料の開発を行い、微細構造解析や電気特性測定から、コンタクト形成機構、電気伝導を解明した。半導体デバイス材料設計指針の構築、実用材料のための基礎データの提供という点で重要である。

Si-ULSI用Cu配線バリアメタル

Si-ULSIデバイスの高集積化に伴い、比抵抗が低く、エレクトロマイグレーション耐性の高いCu薄膜配線の必要性が大きくなっている。しかし、Cuはデバイスプロセスでの熱処理中に、Si、SiO_2中へ拡散しやすく、素子の誤作動及び配線の抵抗上昇を引き起こすため、Cuの拡散を防ぐことが重要な課題となっている。

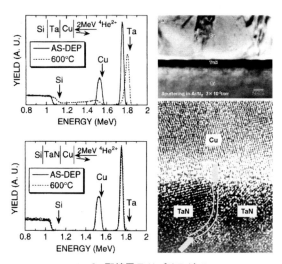

★ Cu配線用 TaN バリアメタル

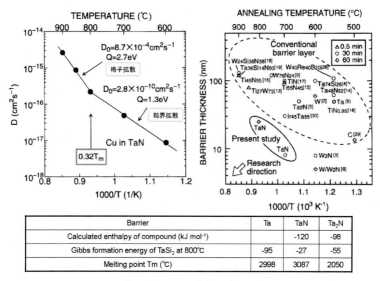

★ TaN 中の Cu の拡散とバリアメタル

　ここでは、CuとSiの間に、スパッタリング法によりTaN系バリアメタルを形成し、その評価を行った。600°C熱処理後のTa及びTaNバリアメタルの状態を、ラザフォード後方散乱（RBS）法によって測定した。TaではCuがSi中に拡散しているが、TaNではCuは変化せず、高いバリア性を保っている。またSi/TaN/Cuの透過電子顕微鏡像を見ると、TaNは微結晶構造をもち、粒界がアモルファス構造になっている。拡散係数と活性化エネルギーを測定した結果、800 °Cまでは粒界拡散が生じ、800°C以上では格子拡散が生じている。バリアメタルのバリア耐性をプロットしたものより、TaNが高い耐性を有していることがわかる。Si及びNとの反応性を熱力学的に評価し、材料選択指針になりうることが明らかとなった。

　さらに、CuとSiの間に、ECR窒素プラズマ処理という新しいバリア形成法により、従来の1/10以下の 2 nmという高耐熱性超薄膜W_2N拡散バリアメタルを形成し、その微細構造と拡散機構の関係を明らかにした。

　図は、Si上に形成したW/W_2N/Cu薄膜の界面の600°C熱処理後の高分解能像である。2 nm厚さの超薄膜W_2Nバリアメタルは、600°C、1時間の熱処理後においても界面は原子レベルで高い熱安定性を保つ。Cuは(111)配向し、またW_2Nは(111)面が一定方向に配向し粒界が緻密な構造を有しているため、Cuの拡散が抑制され高いバリア性を保持していると考えられる。実際、XRDより測定した拡散係数から、W_2Nバリアメタルは、Wと比較して非常に優れたバリア性を有することが明らかになった。

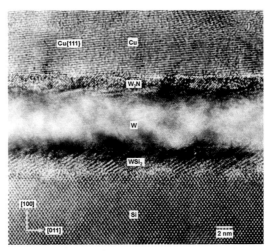

★ Cu配線用 W$_2$N バリアメタル

ショットキー接合

　金属と半導体の間で整流作用を示す接合をショットキー接合という。同じ様に整流作用を示す pn 接合と比較すると、pn 接合では電流の輸送が主に少数キャリアで行われるのに対し、ショットキー接合では、多数キャリアで行われるため、高速動作に優れるという利点がある。pn 接合に対して MS (Metal – Semiconductor) 接合と呼ぶこともある。

　半導体と金属を接合させたとき、半導体部分に、金属の仕事関数と半導体の持つ電子親和力（フェルミエネルギーE_F）の差が、障壁として現れる場合がある。これをショットキー障壁と呼ぶ。障壁の大きさは金属の種類によって異なり、また、半導体の種類や不純物型、濃度によっても異なる。材料の組み合わせが適切でなければ、目的のショットキー障壁が現れず、単なる導通状態（オーミック接合）となる場合もある。

　ショットキー障壁が現れている場合、半導体部分における電位は、金属との接合部から離れるに従い次第に減少し、ある点で熱平衡状態の電位と等しくなる。金属との接合部からこの点までの間が空乏層となり、また、その電位差が順電圧となる。

　ショットキー接触は、金属と半導体の仕事関数差で理解できる。n 型半導体においては、金属の仕事関数と、半導体の仕事関数（真空準位とフェルミレベルの差）を比較したときに、金属の仕事関数の方が大きいときにはショットキー接触となる。p 型半導体の場合は、逆に金属の仕事関数が小さい場合にショットキー接触となる。

125

第8章　半導体界面とデバイス

　仕事関数は、真空中の物質表面において、表面から1個の電子を無限遠まで取り出すのに必要な最小エネルギーである。金属の仕事関数の値は、およそ2-6 eV程度で、金属単体で最も仕事関数が小さいのはCsで、1.93 eVである。仕事関数の値は、表面における原子の種類、面の方位や、構造、或いは他の原子が吸着していることなどに強く依存する。

　また半導体側から金属をみると、半導体のバンドが金属の表面までかけて上向きになって拡散電位が存在し、金属側にある電位をかけると、このバンドの坂はフラットになるため、フラットバンド電圧とも呼ばれる。ショットキー障壁は、電流の注入特性を決める要素であり、フラットバンド電圧は、太陽電池として使った場合は発電電圧を決める要因になる。

★ 元素の仕事関数(eV)(多結晶)

Li	Be											B	C		
2.9	4.98											4.45	5.0		
Na	Mg											Al	Si	P	S
2.75	3.66											4.28	4.85	-	-
K	Ca	Sc	Ti	V	Cr	Mn	Fe	Co	Ni	Cu	Zn	Ga	Ge	As	Se
2.30	2.87	3.5	4.33	4.3	4.5	4.1	4.5	5.0	5.15	4.65	4.33	4.2	5.0	3.75	5.9
Rb	Sr	Y	Zr	Nb	Mo	Tc	Ru	Rh	Pd	Ag	Cd	In	Sn	Sb	Te
2.16	2.59	3.1	4.05	4.3	4.6	-	4.71	4.98	5.12	4.26	4.22	4.12	4.42	4.55	4.95
Cs	Ba	La	Hf	Ta	W	Re	Os	If	Pt	Au	Hg	Tl	Pb	Bi	Po
2.14	2.7	3.5	3.9	4.25	4.55	4.96	4.83	5.27	5.65	5.1	4.49	3.84	4.25	4.22	-

電界効果トランジスタ

　電界効果トランジスタ（FET）は、ゲート電極に電圧をかけチャネルの電界により電子またはホールの流れにゲートを設ける原理で、ソース・ドレイン端子間の電流を制御する。FETは一種類のキャリアしか用いないユニポーラトランジスタである。

　図に示すように、界面に、電子、ホールによるチャネルが形成され、ゲート電圧でソースードレイン間のチャネルの電気伝導を制御する。FET は、スイッチング素子や増幅素子として利用される。ゲート電流が小さく、構造が平面的であるため、作製や高集積化が容易であり、現在の電子機器で使用される集積回路では必要不可欠である。マイクロ波では、Si よりキャリア移動度が高い、GaAs のような化合物半導体 FET が用いられている。半導体から電気信号を取り出す際には、ソース・ドレインにおいて、オーミック接触、ゲートにおいてショットキー接触が必要となる。金属の選択や熱処理による界面反応により、電気特性を制御することが可能で、金属の選択には、仕事関数の値が重要な因子になる。

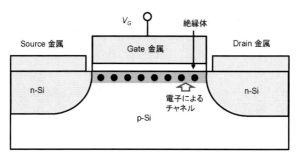

★ 電界効果トランジスタの断面構造

単一電子トランジスタ

　量子ドットを利用すると、電子1個1個をコントロールできる、単一電子トランジスタ（SET）を作製できる。SET は実用化には至っていないが、様々な研究が行われている。電子1個1個で情報処理を行うわけであるから、消費電力は少なく性能も高い。

　量子ドットの大きさは 10 nm 以下で、電子の波長（10 nm 程度）よりも小さくなる。そうすると量子閉じ込め効果で、電子は量子ドットの中に閉じ込められる。さらに量子ドットの大きさが小さくなると、量子サイズ効果によって、エネルギーギャップが大きくなる。

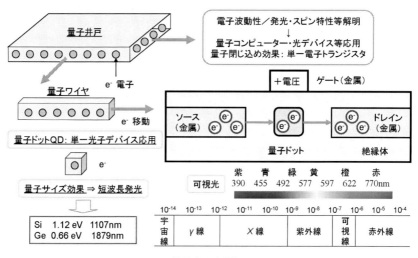

★ 量子ドット応用と SET

量子ドットに、いくつか電子が閉じ込められているときは、電子がお互いに反発する。まず、量子ドットに1個の電子を入れ、その次にもう1個電子を入れようとすると、すでに量子ドットの中にいる電子の反発力を受けブロックされて中に入れない。これをクーロン・ブロッケードという。そこでゲート電極に、プラスの電圧を加えて、その反発力以上のエネルギーを与えれば、次の電子が入ることができる。このようにして、電子1個1個をコントロールし、情報処理するのがSETである。

量子ドットのようなナノサイズの試料では、ごくわずかな温度上昇でもエネルギー状態が変化し、またゲート電圧のわずかな違いによって、敏感に反応してしまうため、精度を上げる方法が課題になる。

Geナノ粒子

半導体を様々な色で発光させるには、材料を変化させればいいが、構造も複雑になりコストもかかる。単純な物質で発光させる方法として、Siナノ結晶やGeナノ結晶の発光現象が見出されてきた。

図は、Geナノ粒子の電子顕微鏡像であり、表面に酸化膜が観察される。ナノ粒子の合成条件を変えると、この酸化膜が厚くなり、2.6 eVでの発光が観察された。Geのエネルギーギャップは、もともと0.67 eVであるから、かなり大きくなっている。ナノ粒子は、量子ドットとしてさまざまな発光デバイスも提案されている。このような方法を用いれば、さまざまな元素を使わなくても、簡単な方法で、目に見える可視発光の半導体ナノ粒子を形成することができ、今後の発展が期待される。

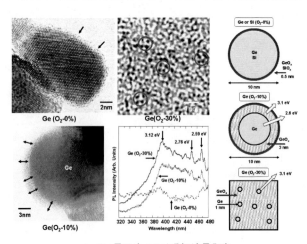

★ Ge量子ドットによる短波長発光

BNナノ物質

フラーレンナノ構造は炭素系だけではなく、合成は困難なもののBN系においても報告が行われている。BN系ナノ物質の特徴や応用可能性を図に示す。BN系ナノ物質は、炭素系ナノ物質と比較して、ワイドバンドギャップ（E_g = ~6 eV）による優れた電子絶縁性や直接遷移型バンド構造、大気中高温での安定性という特徴を有し、カーボン系では使用不可能な環境でも使用可能となる。応用可能性としては、BNナノチューブトランジスタ、単一電子デバイス、単磁区ナノ物質、量子ドット発光素子、超常磁性磁気冷凍、水素吸蔵材料、ナノ電気ケーブル、ナノ温度計、生体内薬品輸送など、さらに将来的には炭素系ナノ物質との融合により、BCN系ナノチューブ・フラーレン科学の新展開が期待される。

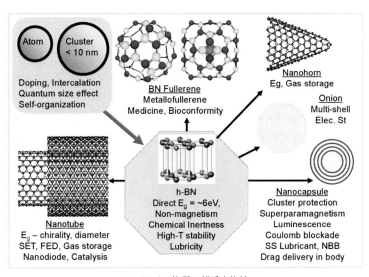

★ BNナノ物質の構造と物性

BNナノカプセル

BNナノカプセルは、BNのワイドギャップ・クラスター保護を利用した電子材料としての応用も考えられる。図は、LaB_6内包BNナノカプセルのHREM像である。BNにおいては、モデルに示すように4員環と6員環のみからなるため、4員環の存在する部分に内角が小さいナノケージが形成される。右図は、Co内包BNナノカプセルのPL特性であり、327 nm (3.8 eV)において発光が観察されている。これはBN層中または置

第8章 半導体界面とデバイス

換型で導入された水素・酸素原子により、バンド間の不純物レベルにおける遷移が生じたものと考えられる。Co内包BNナノカプセルのSTMによる電気特性測定の結果において、階段状の *I-V* カーブが観察され、室温での単電子トンネル効果の可能性を示唆している。これよりCo内包BNナノカプセルはサイズ、バリア両面において適当なナノ構造物と考えられ、図に示すような室温動作可能な単電子素子・ナノカプセルFETへの応用可能性が考えられる。

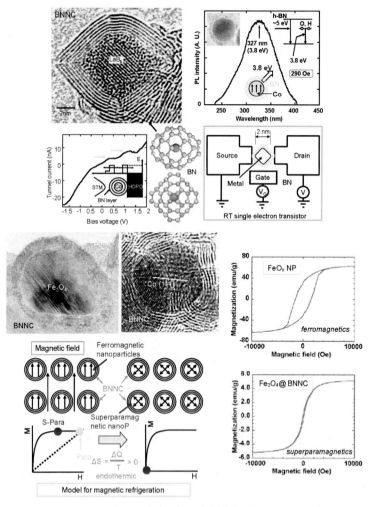

★ BNナノカプセルの物性と応用

Fe₃O₄及びCo内包BNナノカプセルのHREM像を示す。Fe₃O₄においては、出発物質の超微粒子形態がそのまま保持されているため、球状の表面構造を有し、4員環は存在せず面欠陥が導入されカプセルを形成している。出発FeOₓナノ粒子とFe₃O₄内包BNナノカプセルの磁化曲線を見ると、出発粒子は、保持力~1500 Oeで磁化が〜60 emu g⁻¹となっているが、BNナノカプセル形成後、保持力は~50 Oeまで低下している。FeOₓ粒子が、厚さ5 nm以下のBN層により分離されたため、磁気的相互作用が減少したため、超常磁性的性質を示していると考えられる。このようなBNナノカプセルは、図に示すような磁気冷凍材料としての応用が考えられている。

● ナノワイヤ内包ナノチューブ

近年の半導体 ULSI デバイスの動作速度は、配線幅によって律速されている。2009 年には、0.07 μm ルール ULSI が作製され、極端紫外光リソグラフィーを使用しても 50 nm 程度が限界と考えられている。

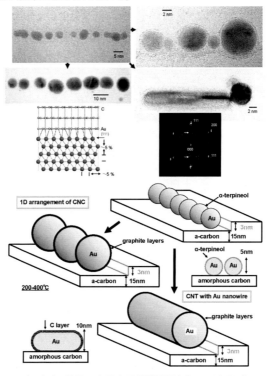

★ 金ナノ粒子一次元自己組織配列とナノワイヤ形成

第8章 半導体界面とデバイス

現在のリソグラフィー技術の壁を越える方法として、金属ナノ粒子を使用したナノ自己組織配列の研究が精力的に行われているが、その配列形態は2次元、3次元に留まっており、ULSI用ナノワイヤ形成に必要な1次元配列が達成されていない。ここでは、1次元自己組織配列Cナノカプセル・Auナノワイヤ内包カーボンナノチューブを形成し、将来的なナノワイヤ・量子ドット形成技術の可能性を示した。サイズ5 nmのAuナノ粒子の表面をα-terpineolで修飾しトルエン中で安定化させ、ステップエッジ3 nmのカーボン薄膜上に分散させると、Auナノ粒子が1次元自己組織配列する。400°Cの熱処理を行うと図に示すようにAuナノ粒子内包カーボンナノカプセルが1次元的に自己組織配列する。

さらにサイズが交互に変化したAuナノ粒子内包カーボンナノカプセルや、Auナノワイヤ内包カーボンナノチューブが形成する。フーリエ変換から、原子配列モデルに示すように、Auの格子がナノワイヤ軸方向に5%歪んだ構造を持つ。一次元自己組織化ナノカプセル・ナノチューブ形成メカニズムの模式図、Feナノワイヤ内包BNナノチューブも示す。

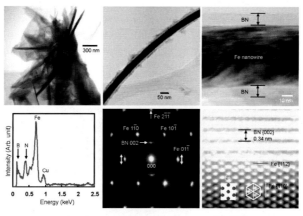

★ Feナノワイヤ内包BNナノチューブの構造

● 水素吸蔵フラーレン物質

現在、化石燃料を中心としたエネルギー問題が深刻化しており、この状況を打破するエネルギー源の一つとして水素に注目が集まっている。水素は燃焼してもH_2Oしか排出しないため無公害かつ無尽蔵なクリーンエネルギー源であり、水素貯蔵材料の開発が急がれている。水素貯蔵材料として、活性炭素繊維や水素吸蔵合金などが知られているが、いずれも吸蔵量、エネルギー密度などに問題がある。現在、これ

らの代替材料として、フラーレン物質、特にカーボンナノチューブに注目が集まっている。理論的な計算によると単層カーボンナノチューブ（直径1.22 nm）の内側の空間と外壁表面に最密に貯蔵した場合、水素貯蔵量は約1.6 重量%、エネルギー密度は約28 kg H_2 m^{-3}となり、直径を2 nmまで増加させると約4.0 重量%、62 kg H_2 m^{-3}となるとされている。これらの値は水素燃料で自動車を走らせる目標値（6.5 重量%、62 kg H_2 m^{-3}）に近く十分に期待できる材料といえる。しかしながら、耐酸化性、高温安定性という点においては、カーボンナノチューブは大気中で600°Cで酸化してCO_2となってしまう。

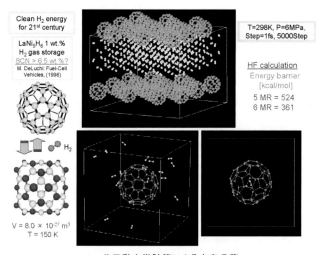

★ 分子動力学計算による水素吸蔵

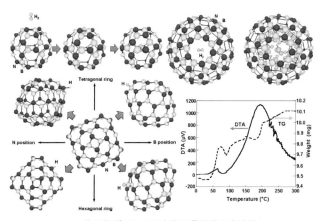

★ 分子軌道法による水素吸蔵計算と実験値

これに対して、BNは大気中で1000°C まで安定であり、カーボンナノチューブに比べ優れた特性を持ち、水素貯蔵材料として適していると考えられる。ここでは、これらフラーレン物質のガス貯蔵可能性を調べた。

初めにカーボンナノチューブの最小構造としてC_{60}中への水素分子導入の計算を分子動力学法により行った。図は、分子動力学法により、C_{60}ケージへのH_2ガス導入を計算した結果である。H_2分子は、20 ps 後にC_{60}の6員環を通過しようとしている。40 ps でH_2分子はC_{60}に内包され、その後安定となっている。これらの計算の結果、T = 298 K、P = 0.1 MPa においては5 MPa 以上でH_2分子は六員環を通過して水素吸蔵が確認され、単層カーボンナノチューブへの実験結果である7 MPa と近い値となっており、水素吸蔵条件探索に有用であることが示された。

さらに、カーボン及びBNナノチューブへの水素吸蔵条件を、図に示すように、分子軌道計算により求めた。ナノチューブにおいてはキャップの部分から水素が吸蔵されると考えられるので、キャップの構造としてC_{60}、$B_{36}N_{36}$構造を使用した。その結果、BNフラーレンの方がCフラーレンよりも水素通過に対するエネルギー障壁が低く、水素吸蔵に適していることが示唆され、将来的な水素吸蔵材料としての可能性が高いことが示された。

熱電変換素子

熱電発電とは、ゼーベック効果による熱電素子により、熱エネルギーを電力エネルギーに変換する発電方法である。熱電素子は可動部分が存在しないため、長寿命でかつ長期にわたって保守作業を必要としない。人工衛星の電源として重要な特性であるため、宇宙探査衛星用電源として研究が行われてきた。自発核分裂で生じたα線粒子の吸収により発生する熱エネルギーを、熱電素子によって電力に変換する原子力電池が実用化され、多くの人口衛星用電源として使用された。

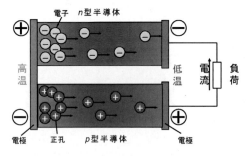

★ 発電モジュール(π形構造)における発電メカニズム

現在は多くは太陽電池に置き換えられたが、太陽からの光エネルギーが少なく太陽電池が利用できない木星より外側を探査する衛星や、火星で夜間も活動する火星探査機などでは現在でも使用されている。

近年熱電発電は廃熱から電力エネルギーを直接回収する技術として世界的に注目が集まり、工場や自動車の排熱、地熱や温泉の熱などの未利用熱エネルギーを電気エネルギーとして利用するための手段として研究開発が進められている。

2つの異なる導体を環状に結合し、接合点に温度差を与えるとゼーベック効果により起電力が生じる。二種類の導体の組み合わせとして以下の系が使用されている。

① 常温〜500 K → Bi-Te系

② 常温〜800 K → Pb-Te系

③ 常温〜1000 K → Si-Ge系

高温酸化や資源量が少ないなどの課題があるため、より資源量の多い酸化物材料や量子構造・超格子材料による熱電素子の研究も進められている。実際の発電では1個の熱電素子で得られる電圧が小さいため、複数の熱電素子を電気的に直列につないで高電圧出力が得るようにした熱電発電モジュールを用いる。

熱電変換機構

2種の異なった金属で閉回路を作り、その接合部を異なった温度にすると、ゼーベック効果によりこの回路に起電力が発生し、熱電発電が可能となる。高温接合部の温度を T_h、低温接合部の温度を T_c とすると、起電力 V は、次式のようになる。

$$V = \alpha(T_h - T_c) \tag{8.2}$$

ここで α はゼーベック係数（V K^{-1}）という。熱電発電では図のように、p 型半導体と n 型半導体を接合し、一方の接合部を高温度に、他方の接合部を低温度にすると、ゼーベック効果により低温部の両端の電極部に起電力が発生し、負荷を接続すると電流が流れる。ここで以下のように

Q_H：高温接合部への熱入力 (W)　　Q_L：低温部への熱入力 (W)

α：ゼーベック係数 (V K^{-1})　　　I：負荷電流 (A)

T_h, T_c：高温部・低温部温度 (K)　　T：温度 (K)

R_i：内部抵抗 (Ω)　　　　　　　　R_t：負荷抵抗 (Ω)

とすると温度、負荷電流および熱入力の関係は、次式のようになる。

$$\alpha(T_h - T_c) \times I = (Q_H - Q_L) \tag{8.3}$$

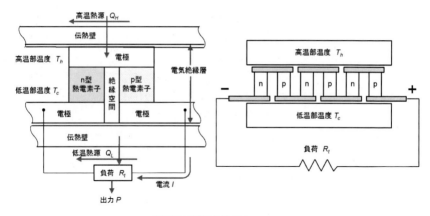

★ 熱電発電機構と熱電素子システム

Q_j を内部抵抗で消費されるジュール熱、P を出力とすると

$$P = (Q_H - Q_L) - Q_j = \alpha(T_h - T_c) \times I - R_j \times I^2$$
$$= R_t \times I^2 \tag{8.4}$$

$$\alpha(T_h - T_c) - R_i \times I = R_t \times I \quad I = \frac{\alpha(T_h - T_c)}{R_i + R_t} \tag{8.5}$$

電圧 V と出力 P との関係は、次のようになる。起電力は数10から数100 mV と低いため、図のように素子を多数配列して使用する。

$$V = R_t I = \frac{R_t \times \alpha(T_h - T_c)}{R_i + R_t} \tag{8.6}$$

$$P = R_t \times I^2 = \frac{V^2}{R_t} \tag{8.7}$$

原子力電池

　火星探査機などでは、プルトニウム238の崩壊熱を利用する原子力電池が使用されている。原子力電池とは、半減期の長い放射性同位体が出す放射線のエネルギーを電気エネルギーに変える電池のことである。放射性元素の原子核崩壊の際に発生するエネルギーを利用して電力を発生させる。α崩壊を起こすプルトニウム238やポロニウム210が用いられ、放射されたα線が物質に吸収されて生じた熱を利用する。ストロンチウム90のように長い半減期をもつ同位体を用いることで寿命の長い電源も得られる。人工衛星電源で太陽光の使用が困難な場合、ラジオアイソトープを熱源とし、半導体にSiGe（シリコン-ゲルマニウム）熱電子素子が使用された例もある。

第8章　半導体界面とデバイス

　昼夜や季節に関係なく一定の電力が得られるうえ、火星の気温は、+30から−127℃の間で変動すると予想されるため、余熱はパイプを通じて探査機のシステムの保温に使用できる。火星探査機キュリオシティで使われる原子力電池は最新型で、重量は約50 kg、4.8 kgのプルトニウム238を搭載し、打上げ時の事故で衝突、爆発、再突入による落下が起きてもプルトニウムが守られるように保護層で覆われている。初期には約2000 Wの発熱から125 Wの電力を得られ、14年後でも100 Wの電力が得られる。キュリオシティでは1日に2.5 kWhの電力が得られる。

コラム　　　　時間旅行

　未来への時間旅行は割に簡単で、光速に近いスピードで移動するか、強い重力場の中に座っていれば、自分にとっての時間体験は他の人に比べてゆっくりになり、他の人たちにとっての未来へと旅していることになる。

　例えば 920 km/h の飛行機で 8 時間飛行すれば 10 nsec の時間の遅れが生じ、参照慣性系に対して 10 nsec 未来へ移動したことになる。さらに未来へ移動したければ、もっと速度を上げればよい。また、大きな速度で移動しなくても、強い重力場に身を置くことによって、参照慣性系に対して時間の進行が遅くなり、結果として未来への移動が可能になる。

　加速器の中では、原子よりも小さな粒子が光速に近いスピードに加速されている。これらの粒子のうち、ミューオンなど一部のものは固有の半減期で崩壊するが、加速器の中を高速で運動すると、ゆっくりと崩壊していく（時間がゆっくり進んでいる）のがわかる。

　過去への時間旅行はある条件が必要である。相対性理論によると、回転する宇宙や回転する円筒に伴って生まれる時空において可能となる。最も有名なのは時空を貫くトンネル「ワームホール」である。ワームホールを通り抜けるためには「エキゾチック物質」と呼ばれる反重力を生じる物質で満たされていなければならない。高密度な天体は自分自身の極めて大きな質量のために収縮していき、ついにはブラックホールとなるが、これを抑制しワームホールを維持するには、エキゾチック物質が必要となる。反重力は「負のエネルギー」または「負の圧力」によって生まれる。

　宇宙空間にはビッグバンの遺物としてのワームホールが存在する可能性があり、将来的には、それらを利用できるようになるかもしれない。これとは別に、プランク長（1.6×10^{-35} m）程度の微小なワームホールが自然に存在している可能性もある。プランク長は原子核の直径の $1/10^{20}$ に相当する長さで、原理的にはエネルギーパルスを使えばこのような微小ワームホールを安定化できると考えられる。次世代の粒子加速器によって微小なワームホールを作り出し、ある程度これを維持して、近くの素粒子が因果のループを通り抜けられるようにできることも予想されている。

　一方ホーキングは、因果のループを許さない「時間順序保護仮説」を提唱している。相対性理論では因果のループは排除されないので、時間順序を保護するには過去への旅を妨げるような別の要素が必要になる。

第8章 半導体界面とデバイス

コラム　不完全性定理

　アインシュタインが晩年に親しくしていた研究者が、クルト・ゲーデルである。ゲーデルは、「不完全性定理」を証明して、世界中の研究者を驚かせた数学者である。この定理によれば、現代数学等どの公理体系でも、その体系を定義する公理を基礎としては、命題は決して立証も否定もできないという。つまりゲーデルは、いかなる数学でも解くことのできない矛盾が存在することを示したのである。

　ゲーデルの不完全性定理は、数学での根本的限界を決め、科学者たちに大きな衝撃を与えた。数学の完全性と無矛盾性を証明することを目的とした当時の一大プロジェクトであったヒルベルトプログラムにも深刻な打撃を与えた。数学は論理的で理路整然とした完全な系だという概念をひっくり返してしまったからである。

コラム　神の証明

　このゲーデルが、不完全性定理から「神の存在を証明した」という論文を書き上げた。ただ周囲からの攻撃をおそれ、生きている間は、公開しなかった。そして亡くなってから9年後、その論文が公開された。証明の内容は非常に難しいものなので、結論だけを書いてみる。
① まず、神を定義する。「神とは、すべての実在的性質をもつ存在である」
② 次に、神の存在可能性が証明される。「神が存在することは、可能である」
③ そして最後に、「神の存在が可能だとすれば、それは必然的に存在する」と証明される。
④ 最終的に、「神は必然的に存在する」という定理が得られる。

　この証明についてもさまざまな論争がある。しかしそもそも、神の存在を証明する必要があるのだろうか・・・。

コラム　科学と幸福

　ゲーデルの神の存在の証明が本当かどうかは、神にゆだねることにしたい（！）。ここでは、ゲーデルの哲学的信条をいくつか挙げてみる。
① 唯物論は間違いである：唯物論とは、この世は物質がすべて、という考え方である。でも物質の世界がすべてではない。
② 概念は客観的実在である：概念、つまり心の中の考えは、実際に存在するという。心の中の考えは、明らかに物質ではないし、目にも見えない。でも誰から見ても、明らかに存在するという。物質よりも、心の中の考えが重要であることを暗に示している。
③ 哲学と神学が、科学において最も有益な研究である：哲学や神学は、目に見える形では、なかなか結果がでないかもしれない。でもたしかに、人間の幸福に役立つこともあるだろう。幸福というのは、物質的なものではなく、心の持ち方で決まる。科学は、人類の幸福に役立つものであってこそ、真の科学であろうと思われる。

第９章

量子情報材料

量子コンピュータ

　量子コンピュータは、量子力学的重ね合わせを用いて並列性を実現する次世代のコンピュータである。従来の古典計算機は、1ビットにつき、0か1のどちらかの値を持つのに対し、量子計算機では量子ビット（Q-bit: qubit, quantum bit）により、1ビットにつき0と1の値を任意の割合で重ね合わせて保持することが可能である。n量子ビットあれば、2^n の状態を同時に計算できる。数千Q-bitのハードウェアが実現すれば、古典計算機では実現できない超並列処理が実現し、現在最速スーパーコンピュータで数千年かかっても解けない計算でも、数十秒という短い時間で解ける。

　従来のノイマン型コンピュータは、プログラムによってどのような計算でも実行できる汎用計算機であるのに対し、現時点での量子コンピュータは、特定のアルゴリズムを超高速に処理する専用計算機や、古典計算機を補助するコプロセッサとして考えられている。量子コンピュータは非ノイマン型である。現在のコンピュータは、シリコンで作られた半導体素子（電界効果トランジスタ）で構成されているものがほとんどである。一方、量子コンピュータは、次のような構成の量子ビットが量子コンピュータの構成要素の候補に上がっている。

① 固体素子：量子ドットに閉じ込められた電子スピンを用いる方法。シリコン中のリン不純物の核スピンを用いる方法。今後の集積化において、半導体微細加工技術を用いた固体デバイスが必要と考えられる。
② イオン：真空中に電磁場で捕捉したイオンの二つの電子軌道を使う方法でイオントラップと呼ばれる。
③ 分子：液体中の分子の上向き、下向き核スピンを使う方法で、核スピンを制御・測定する核磁気共鳴（NMR）を用いる。
④ 光子：共振器中の原子と光子の相互作用を利用した方法で、ビームスプリッタ、ミラーなどの光学素子を利用した方法。

★ 量子コンピュータ候補と必要条件

候補	Q値	現状
核磁気共鳴（NMR）	10^9	7 qubit（アルゴリズム）
イオントラップ	10^{12}	2 qubit（アルゴリズム）
超伝導（電荷）	10^4	2 qubit（CNOTゲート）
超伝導（磁束）	10^3	1 qubit（ユニタリ変換）
半導体（励起子）	10^3	2 qubit（制御回路ゲート）
半導体（電荷）	10^5	1 qubit（ユニタリ変換）
半導体（電子スピン）	10^4	-
半導体（核スピン）	10^9	-
光子（フォトン）		

Q値＝コヒーレンス時間／一回のゲート時間

量子NMRコンピュータの場合 ⇒ 10 qubitの集積化が限界
固体デバイスの場合 ⇒ 半導体微細加工技術で大規模集積化可能

量子ビットの「量子エンタングルメント」を利用し複数の値を記憶
従来のコンピュータより演算速く並列処理可能

1. 量子ビットの拡張性	記憶容量、並列計算速度	核スピン数
2. 量子ビットの初期化	初期化	非平衡状態生成・制御
3. 量子状態の継続性	量子もつれの継続性	室温、100 μs 緩和過程
4. 量子ゲートによる制御	スピン制御	スピンカップリング、エンコード
5. 演算結果の出力	観測	ESR、NMR、ENDOR

物理系	方法	分子系電子・核スピン系
情報の削除	時間リセット	非平衡状態の生成
情報の記憶	量子状態保持	分子・外界の相互作用低減
情報操作	時間制御	パルス磁気共鳴分光
観測	測定・検出	スピン磁気モーメントの観測

量子ビット

　量子情報の最小単位を量子ビット、キュービット（Qubit）という。対して、従来のコンピュータのビットを古典ビット（C-bit: classical bit）という。量子情報では、従来のCビットの代わりに、情報を量子力学的2準位系の状態ベクトルで表現する。Q-bitの重ね合わせの状態を表すと、次式のようになる

$$|\psi\rangle = \alpha|0\rangle + \beta|1\rangle \quad |\alpha|^2 + |\beta|^2 = 1 \tag{9.1}$$

αとβはそれぞれ複素数である。これを測定すると状態$|0\rangle$となる確率は$|\alpha|^2$であり、状態$|1\rangle$となる確率は$|\beta|^2$である。古典的情報でいえば、一つのbitで0と1が同時に表示出来る状態である。

　入力で4 bitと4 Q-bit扱う場合、古典的情報では4 bitで一つの値を表し、全16ある値を16回入力することで表現する。一方、4 Q-bitでは1 Q-bitで0と1の状態が同時に表せるので、1回の入力で$2^4 = 16$通りのデータを表せる。これにより従来よりも格段に高速な情報処理が可能である

　情報として扱うには情報処理だけでは成り立たず、伝達できなければならない。Q-bitは確率で状態が決まるので、任意の状態で決定するのは難しい。しかし、量子

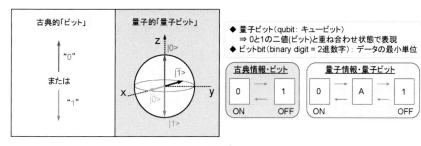

★ 量子ビット

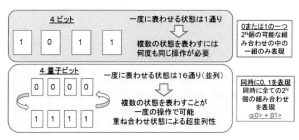

★ ビットと量子ビットの違い

★ 様々な量子ビット

量子ビット(Qubit)	"0"	"1"	
単一光子	|V > (|↕>) |R> (|V> + i|H>)	|H > (|↔>) |L> (|V> - i|H>)	直線偏光・円偏光
量子ドット	|ground state>	|excited state>	空間に閉じ込めた電子・イオンの電子状態
超伝導量子ビット	|N = 0>	|N = 1>	超伝導状態のループを貫く磁束量子
スピン	|↑>	|↓>	分子内の電子スピンや核スピン

- ◆ 2量子ビットで全4通り ⇒ ある入力に対して任意の出力が出せない
- ◆ EPR現象（非局所性・量子分離不可能性）を用いる ⇒ 特定の状態を出す

二つの物理系の量子状態の絡み合い ⇒ エンタングルメント

★ 量子コンピュータとエンタングルメント

エンタングルメントにより解決できる。これは独立な二つの系が相互作用した後、どれほど離れていても一度作った合成系は分離されず、片方の系に操作を行うとその操作によって離れた系の状態が変化する現象である。この量子エンタングルメントにより、Q-bitは独立なbitからbitのかたまりとして扱える。

ブロッホ球

　Qubitの取る値は、虚数まで含んだ長さ1のベクトルになっている。この量子ビットを図にすると、半径1の球面として表せる。この量子状態を単位球面上に表すのがブロッホ球である。図の北極がベクトル|0>、南極がベクトル|1>、その間は虚数を含んだ重ね合わせ状態である。虚数平面は平面であるが、ブロッホ球は3次元の立体である。この増えた1次元は、波動の位相である。ブロッホ球は、緯度（縦方向）によって「0か1かの確率」を表し、経度（横方向）によって「波動の位相」を表現している。波動の位相とは、重なったときに強まるか打ち消し合うのに関係している。光の偏光をポアンカレ球で表すのと同様である。
　ブロッホ球により、ユニタリ作用素を表す。ユニタリというのは、半径の長さを変えない変換のことで、ユニタリ変換とは、複素数の球面上を指し示すベクトルの

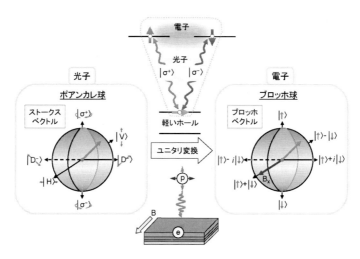

★ 光子の情報から電子に転写

向きを変える変換の総称である。古典コンピュータでは、0と1の値の変化だけを考えれば、全ての計算ができていた。量子コンピュータでは、球面上のベクトルの向きの変化だけを考えて、全ての計算を行う。具体的には3つの基本的操作の組み合わせで、自由にベクトルの向きを変えることができる。

分子スピン型量子コンピュータ

　フント則に従えば、スピンを同じ向きに並べて配置した方がエネルギー的に安定となる。逆にいえば、配置する電子数によって、中のスピンの状態を制御できる。2001年IBMが、試験管内の分子の核スピンを使い量子計算を行い、その結果をNMRで検出することに成功した。量子計算の基礎実験をする分には、溶液系や原子・分子系がいいが、集積化には不向きである。IBMの量子計算は、一つの量子が0でもあり1でもあるという量子ビットを利用してはいるが、複数の量子が互いに関連を持ち、一方の状態が他方の状態を制御する量子エンタングルメント状態を利用してはいない。量子エンタングルメント状態を利用し、より高度な量子力学的アルゴリズムに則ってこそ、量子コンピュータの力は発揮される。しかし外乱の存在のため、量子ビットがコヒーレントに保たれる時間は短く、量子エンタングル状態を操作することは難しい。また演算のアルゴリズムも、明確な姿はまだ見えてこない。基本的な素因数分解や検索のアルゴリズムはできているが、現実的な量子計算のためにはより簡単で実現可能なハードウェアに基づくアルゴリズムが必要である。

第9章 量子情報材料

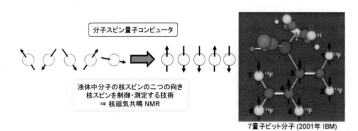

★ 分子スピン量子コンピュータ

量子ドット型量子コンピュータ

　量子ビットに利用される一つとして量子ドットがある。量子ドットはその大きさを変えることでエネルギー準位を操作することが可能で、量子ビットの 0 と 1 の状態を振り分け利用していく。

　量子ドット中の独立なスピンを使って量子ビットを作る。2 個のビットの相関は、交換結合により制御する。これらを基本構成として並べていくと、量子計算をするための回路ができる。計算はまず、全てのスピンを上向きに並べた後、スピン回転、交換結合操作などを組み合わせて行う。全てのスピンに対して、並列かつ、コヒーレントな量子力学的演算をすることによって、従来の古典計算ではできない計算が可能になる。

　量子ドット、カーボンナノチューブなどのユニークな物質におけるスピン物性と電子－光子間の情報変換を利用する。2つの量子ドットに正確に1個のテスト電子を出し入れし、そのスピンの向きを読み出す。

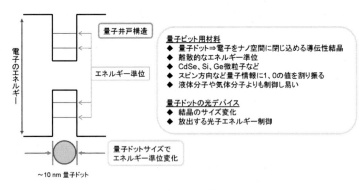

★ 量子ビット用量子ドット

144

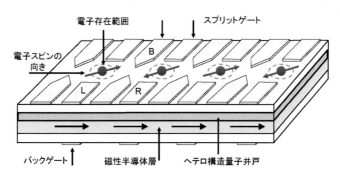

★ 固体電子スピン量子コンピュータの概念図

　左右の量子ドット上（図のLとR）と量子ドット間（図のB）に配置されたゲート電極の電圧を断熱的に調整し、左右の量子ドットに滞在する電子数を測定する。ここでゲートLとRの操作は2つの量子ドット内の静電エネルギーを、ゲートBの操作は電子の量子トンネル確率をそれぞれ変化させることに相当する。

　2つの量子ドットに滞在する電子数をそれぞれ測定し、電子の集団として処理するアンサンブル平均をとると、左右の電子数差は重ね合わせ状態における一重項と三重項の相対位相の関数として振動する。これによりスピン一重項・三重項が現れる確率と2状態間の相対位相を同時に測定できる。

　量子ビットとして利用するスピン一重項（S）と三重項（T_0）の任意の重ね合わせ状態は、ブロッホ球面上の点として表現できる。この方法では、球面上の点の位置（緯度と経度）を特定し量子状態の全体像を推定することが可能である。このような測定方法は量子情報処理デバイスの開発に必要な量子状態の初期化や演算結果の確認方法に応用できる。

● 固体素子型量子コンピュータ

　NMR量子コンピュータは、通常のNMR装置と既知の有機分子の溶液を用いて、これまでに 数量子ビットの量子計算が実現している。しかし、量子コンピュータが実力を発揮するためには、さらに多くの量子ビットでの計算が必要で、この大規模化はスケーラビリティと呼ばれ、量子コンピュータの重要な性能の1つである。

　固体NMR量子コンピュータは、固体中の原子核スピンで量子ビットを構成する方式で、大規模量子コンピュータ方式の有力候補の一つである。図は、光のオン・オフという単純な操作により、核スピン間の相互作用をスイッチ操作できる方法である。光の照射強度を増強すると、この相互作用の到達距離を長くできる。

GaAs化合物半導体の中に含まれる2種類の核スピン、^{71}Gaと^{75}Asを対象に光照射下での交差分極測定を行う。交差分極とはNMR分析で用いられる手法の一つで、^{71}Ga核と^{75}As核のそれぞれに作用する2種類の周波数の電磁波を試料に同時に照射することで、^{75}As核スピンの磁気モーメント（核磁化）を^{71}Ga核に移動させることができる。移動にかかる特性時間は、2つの核スピン間に働く相互作用の大きさで決まり、光照射により変化する。量子ビットの配列に自由度をもたらす可能性がある。

① 光のオン・オフで核スピン間の相互作用をスイッチ操作
② ^{75}As核スピンの磁気モーメント(核磁化)を^{71}Ga核に移動
③ 光の照射強度大で相互作用の到達距離が長くできる
④ 量子ビットの配列に自由度をもたらす可能性
⑤ NMR交差分極　両核に作用する2種類の周波数電磁波を同時照射

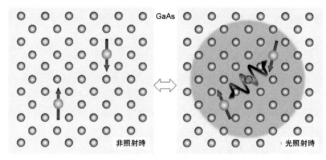

★ ^{71}Gaと^{75}As核の磁気モーメント移動

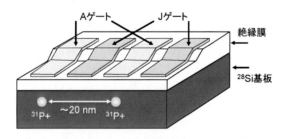

★ 固体核スピン量子コンピュータの概念図

超伝導磁束量子ビット型量子コンピュータ

磁束量子ビットは超伝導量子ビットの一つであり、ジョセフソン接合で中断された超伝導ループで構成され、超伝導ループに蓄えられる量子化された磁束状態を、

量子ビットの二状態として扱う。超伝導量子ビットとは、極低温で自由度が極端に制限される超伝導体の電子の性質と、ジョセフソン接合を組み合わせて作られる量子ビットのことである。

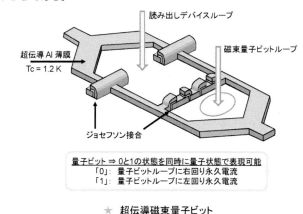

★ 超伝導磁束量子ビット

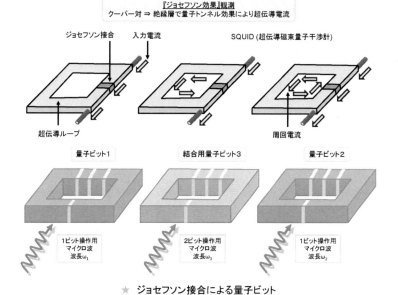

★ ジョセフソン接合による量子ビット

　固体素子の場合、外界との相互作用が大きいので、量子重ね合わせ状態を長時間保つことは難しいが、ジョセフソン接合を用いて量子重ね合わせ状態を数ns保てるようになり、さらに2つの量子ビット間の結合が制御できるようになった。

ジョセフソン接合とは二つの超伝導体が薄い絶縁層などを介して弱い結合状態で接合していることである。この状態だと、本来ならば粒子が別の状態へ移行する場合に超えなければならないポテンシャル障壁を量子トンネルにより通過することができる。この超伝導電子であるクーパーペアの量子トンネル効果をジョセフソン効果という。図はAl薄膜超伝導体による磁束量子ビットで、このジョセフソン接合の性質を利用するとこによって超伝導ループ上に流れる電流を操作し、二状態を作り出している。更に、マイクロ波と組み合わせることで1量子ビットゲート操作と2量子ビットゲート操作が可能になった。

分散型量子コンピュータ

天然のシリコンは^{28}Si、^{29}Si、^{30}Siという3種類の安定同位体によって構成され、なかでも^{29}Siだけが原子核スピンをもつ。さらにシリコン中にリンP原子を上手く入れれば、リンには一個の余分な電子がついていてスピンをもち、リンの原子核自体もスピンをもつ。ここで原子核スピンや電子スピンの上向きを「0」下向きを「1」と定義し、これらを自由自在に操ることができれば、原子一個・電子一個ずつにビット情報を担わすコンピュータが完成する。

原子レベル現象のすべてが量子力学に従うため、実現するのは非常に難しく、原子・電子スピンが「0か1」というデジタルではなく、「0でもあり1でもある」という量子状態になる。この量子ビットを使う。

まずどんなデバイスを作りたいのか（アーキテクチャー）を考え、原子を積み上げ、量子情報を読み込ませ、演算させ読み出す作業が必要となる。デザインに基づ

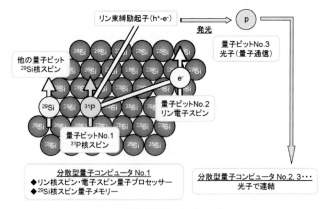

★ 分散型量子コンピュータ

き個々のSi原子を配置する。演算では量子ビット（スピンの向き）を自在に操作することを行うため、核磁気共鳴や電子スピン共鳴技術が必要となる。最後の読み出しでは、極めて弱い個々のスピンの電磁力を検知する計測技術が必要である。図にPの発光で一個の光の粒（光子）が飛び出ている様子が示されている。この光子の偏光が量子情報をもっていて、P原子核スピンの向きを読み出すことにも役立つ。将来的には、図に示すような室温動作シリコン古典－量子ハイブリッドコンピュータができる可能性もある。

単一光子デバイス

　実用的な通信波長帯 1.3〜1.55 μm で、単一光子を発生・計測する技術として、量子ドットから効率よく単一光子を発生できる半導体素子が開発された。量子ドットから放出された光だけを、通信用光ファイバーに送り、光ファイバーを通過した光を2つに分け、2つに分けた光の受信のタイミングを正確に測定できる単一光子受信システムが開発された。2つに分けた光が同時計測されないことを確認することで、発生した光が単一光子であることを証明できる。

単一光子発生の鍵となる量子ドット
◆ 個々の光子に対し確定できない2つの物理量 ⇒ 量子暗号の仕組みの本質
◆ 通常の光通信（複数の光子）ではできない ⇒ 1つの光子を使うことが重要
◆ 単一光子の発生の鍵となるのが量子ドット ⇒ 半導体中の10nm程度の3次元的な箱
◆ 電子同士の斥力が非常に大きい ＋ 電子はトンネル効果により絶縁体を通り抜ける
　⇒ 複数の電子を入れるエネルギーは大きくなる

★ 半導体結晶量子ドット

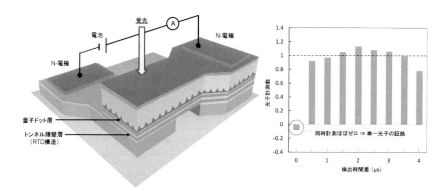

★ 単一光子デバイスと単一光子計測結果

ダイヤモンドNV中心単一光子源

　従来の量子暗号鍵伝送実験で主に使われているのは、レーザー光を極限まで弱めた擬似的な「単一光子源」である。光は波動性と共に粒子性を持ち、単一光子は光の粒子1個を意味し、単一光子源は光子1個を発生する光源である。

　擬似的単一光子源による問題点は、1パルスに2個以上の光子が入る場合があるため、盗聴されてもわからなくなってしまう可能性があることである。量子暗号を実現させるためには、確実に1パルスに1個の光子のみが存在する単一光子を発生させる単一光子源が必要である。

　量子ドットや有機分子を用いた単一光子源は、室温では不安定でほとんど光らなくなり、極低温での冷却が不可欠であったり、室温で単一光子を発生できても、光励起のためのレーザーが必要なものしか実現されておらず、エネルギーやコストの制約が単一光子源の実用化・普及の課題となっている。

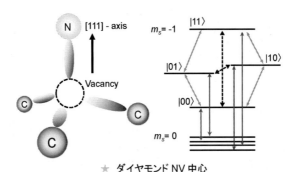

★ ダイヤモンド NV 中心

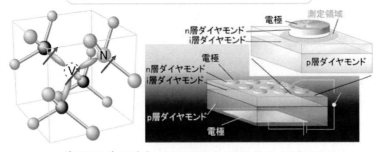

★ ダイヤモンド NV 中心　N. Mizuochi et al. Nat. Photo. 6, 299 (2012)

ダイヤモンドを材料とし、そこに埋め込まれている単一発光中心（NV中心）を単一光子源として用いる。デバイス集積化、低消費電力化など実用化に必要な電流注入型固体素子で、初めて室温での単一光子発生が実証された。

1つのNV中心のみを観測するためには、超高純度のダイヤモンド（i層）にNV中心が埋め込まれていることが必要である。しかしダイヤモンドは不純物ドーパントがないと、絶縁体であるため電気が流れない。そのためi層を、リンをドープしたn層とホウ素をドープしたp層で挟んでpin構造を作製し、i層に電気を流せるようにしている。単一NV中心からの発光は共焦点顕微鏡装置で光学検出する。

1つの光子を観測した後に別の光子を観測するまでの時間を計測する光子相関法から、単一のNV中心からの単一光子発光であることが示された。NV中心は、励起後に光子を1個放出した後は励起状態から基底状態に戻ってしまうので、再び励起状態に戻るまではもう1個別の光子を放出することができない、つまり時間的に近接した2つの光子の存在する確率が小さくなる。室温で、レーザーでなく電気を用いた単一光子源の動作が実証された。

NV中心は、優れたスピンの特性も持っている。スピンは量子情報の演算や記録に使えるため、将来的には量子メモリや量子レジスタなど、量子コンピュータや量子計測の実現への展開が期待される。

🔵 デコヒーレンス制御

量子コンピュータ中のそれぞれの量子ビットの量子状態は、外部環境からの影響（熱揺らぎなど）により影響を受け、コヒーレントな状態が消失してしまい、これをデコヒーレンスという。デコヒーレンスを防御するために、ゲート作動中にデカップリングを行う。核スピンの動きと同時に電子スピンに短いマイクロ波を頻繁に照射し、$|0\rangle$と$|1\rangle$を入れ替えることでデカップリングする。

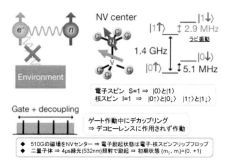

★ デコヒーレンス制御ゲート T. van der Sar, et al. Nature 484, 82 (2012)

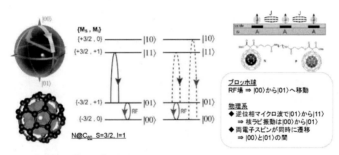

★ デカップリング過程　J. J. L. Morton et al. Nat. Phys. 2, 40, (2006).

　電子スピンの緩和時間は、デカップリングパルスの数を増やすと増加し、デカップリングによるデコヒーレンスの制御が可能となる。NV中心と、窒素内包フラーレンのデカップリングの様子を図に示す。

量子回路

　古典コンピュータの基本的な論理演算は、量子コンピュータでは量子ゲートに相当し、量子ゲートはユニタリ行列となる。n量子ビットの場合、1量子ビットに対する任意のユニタリ変換とCNOTゲートがあれば任意のユニタリ変換を行える。

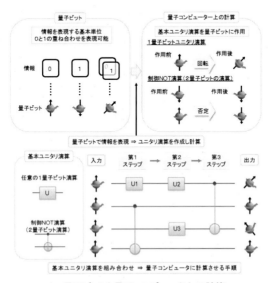

★ 量子ビットと量子コンピュータ上の計算

量子暗号通信

近年、インターネットの普及に伴い、より安全性の高い通信に対する需要が高まっている。現在使われているのは、公開鍵暗号方式で、暗号化鍵と復号化鍵が異なる暗号方式で、暗号化用の鍵は第三者に公開されても構わないというものである。

公開鍵暗号方式の中でも代表的なRSA暗号方式では、素因数分解の計算が難しいことを安全性の根拠としているが、将来的にはコンピュータの演算処理速度の高速化や量子コンピュータの実現などにより、解読される危険性がある。

量子コンピュータは演算途中の状態で0と1の重ね合わせ状態を使うことが可能なため、現状のコンピュータが苦手とする素因数分解やデータ検索などの計算を桁違いの速さで実行できる。

一方、量子暗号通信技術では、情報を光子1個1個にのせて伝送するため、仮に盗聴されても、その痕跡が必ず残るという量子力学の不確定性原理により、受信側で盗聴を確実に検知でき無条件安全性が保証できる。つまり量子暗号通信は究極の通信方式であり、暗号化および復号化を行う秘密鍵を送信側と受信側で安全に共有できるという仕組みである。将来的には現行通信よるはるかに低消費電力化も期待できるという理論報告もある。量子暗号通信については、基本的システムがすでに海外で販売され、量子暗号鍵伝送実験が行われている。

光ファイバーを用いた量子暗号通信の長距離化には、波長を通信波長帯の波長（1.5 μm帯）に変換にする必要性があり、量子情報を保持したまま波長変換する量子波長変換素子により、量子情報を保持したまま波長を変換する。最近、周期分極反転ニオブ酸リチウムにより実現している。ダイヤモンドNV中心は、優れたスピンの特性も持つため、その機能を使った量子暗号通信のさらなる長距離化や、高速化に必要な量子中継器の実現も期待される。

量子暗号通信の方法を以下に示す。

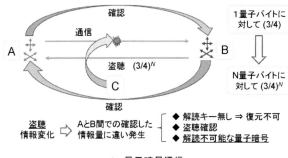

★ **量子暗号通信**

① 発信者と受信者が互いに二種類の送信機と受信機を用意する。
② 送信者はそのどちらかの送信機で0と1を送信する。
③ 受信者はそのどちらかの受信機でこれを受信する。
④ 受信者は公衆回線で自分の選択した受信機を送信者に伝達する。
⑤ 送受信者は互いのタイプが一致した際のbit系列を共有し、これを秘密鍵とする。
⑥ タイプが一致していれば送信者が送った情報のビットは確実に受信者に届いているはずであり、ビットの情報交換無しにビット系列を共有できる。

量子計算

　フォールトトレラント量子計算とは、量子計算を行う個々の素子（光、原子、スピン、量子ドットなど）に発生する雑音（デコヒーレンス）があっても、正確な量子計算の結果を得るための方法である。量子系では環境系との相互作用で、すぐに量子重ね合わせ状態や量子エンタングルメントが失われてしまう。例えば、原子の内部状態は周囲の電磁場と相互作用しエネルギーや情報を失ってしまい、デコヒーレンスという。量子ゲートを作製しても、デコヒーレンスにより正常に作動せずエラーが生じる。我々の日常生活で量子重ね合わせ状態やエンタングルメントがあまり見られないのは、デコヒーレンスによる。そこでエラー（雑音）を訂正し情報を保護することができる量子誤り訂正符号が開発された。この量子誤り訂正がはたらくように量子回路設計する必要があり、フォールトトレラント量子計算という。
シュレーディンガーの猫状態法、シンドローム抽出法、量子テレポーテーションを用いた方法などが提案されている。フォールトトレラント理論はしきい値定理に集約される。しきい値定理とは、量子ゲートで発生するエラーの確率がある値よりも小さければ、効率よく任意の精度で量子計算を実行できる定理である。

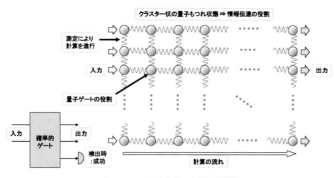

★ フォールトトレラント量子計算

ダークエネルギーと情報

ある物理系が時間変化するのは情報処理過程と考えられ、物質そのものから宇宙全体まで情報処理装置とみなすことができる。

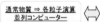

★ ダークエネルギーと物質の情報比較　日経サイエンス、No. 2 (2005).

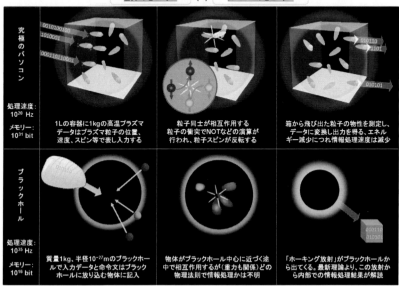

★ 物質とブラックホールの計算性能

第9章　量子情報材料

　宇宙全体のエネルギーは10^{72} Jであり、物質は質量のないエネルギー状態であるフォトンやニュートリノの状態のときに最大限の情報を記憶できる。宇宙の73%を占めるダークエネルギーは処理速度10^{-18} Hz、メモリー10^{123} bitとなり、通常の物質では処理速度10^{14} Hz、メモリー10^{92} bitとなる。これより物質宇宙から見ると、ダークエネルギー宇宙は時間がほぼ凍結しているように見える。

　情報を記憶し処理する多数の粒子の集まりは究極の並列コンピュータであると考えられる。例えば高温プラズマ1 kgの各粒子は10^{20} Hzの処理速度、10^{31} bitのメモリーをもつ。一方、宇宙に存在すると考えられる1 kg、10^{-27} mのブラックホールも、10^{36} Hzの処理速度、10^{16} bitのメモリーをもつ超高速コンピュータとみなせる。

コラム　　真空のエネルギー

　宇宙の膨張速度を測定するために、超新星を詳細に観測しているうちに、宇宙が加速膨張していることが発見された。これは重力以外の何かが、宇宙を押し広げていることを意味し、ダークエネルギーと名付けられた。この1998年の大発見は、科学界にも非常に大きな衝撃を与え、2011年のノーベル物理学賞となった。

　重力に逆らい、宇宙を加速膨張させているダークエネルギーの候補の一つが真空のエネルギーである。真空はプランクサイズで見れば、仮想粒子が生まれては対消滅している世界である。対消滅が絶えず繰り返されているため、エネルギーは絶えず揺らぎ、真空エネルギーがなくなることはない。宇宙が膨張すると真空が増え、真空のエネルギーの割合が重力よりも高くなっていき、宇宙を加速膨張させる。真空のエネルギーは、負のエネルギーももち、反重力的性質を示す。アインシュタイン方程式の宇宙定数は、反重力的性質もしくは負の圧力を示し、空間に固有の量であり、たとえ真空であっても有限のエネルギー密度を与える。このことから真空のエネルギーは、この宇宙定数の有力な一候補としても考えられている。

　このような空っぽの空間から真空エネルギーをとりだそうという発明者たちもいるがなかなか難しい。1997年にこのゼロ点エネルギーを検出したという報告がカシミール効果である。非常に短い距離を隔てて置いた二枚の金属板が真空中で互いに引き合う静的カシミール効果と、二枚の金属板を振動させると光子が生じる動的カシミール効果がある。

　金属板の間の電磁場は、2枚の板の間に整数個の波があるモードの重ね合わせで表現でき、量子化するとそれぞれのモードのゼロ点振動がゼロ点エネルギーを持つ。金属板の距離をきわめて短い距離まで接近させるとそれらのモードの振動数がかわりエネルギー変化し、金属板の間の真空は、周囲の真空よりエネルギーが下がった状態になり、引力を生み出す。金属板の距離が10 nmのとき、カシミール効果は一気圧と同じ力となる。

　カシミール効果の引力作用は、二枚の金属板の内外の真空のエネルギー差によるもので、金属板間の真空のエネルギーは負の値となる。ただし、あくまで真空のエネルギー状態を負の値にまで引き下げたことが確認されたというだけで、実際に負のエネルギーを形として取り出せたというわけではない。反重力を生み出すには、負のエネルギーが必要となるので、負のエネルギー状態が確認された唯一の例としてこの効果が取り上げられている。

第10章

核融合

第10章　核融合

太陽の核融合エネルギー

　太陽の半径は約70万 kmである。地球の半径が6400 kmなので、地球のおよそ100倍の半径である。太陽の内部は、中心から外側に、核、放射層、対流層、光球、彩層、コロナに分けることができる。核では核融合が起こり、γ（ガンマ）線が発生する。放射層ではγ線などのエネルギーの放射輸送が行われ、対流層ではエネルギーの対流輸送が促進される。核融合エネルギーは光球に達し、輻射エネルギーとして放出される。

　太陽の中心部では、核融合反応（pp反応）によりエネルギーが発生している。1秒間に6億 t の陽子が消費され、ヘリウム4に変換している。高エネルギーの光子（γ線、~5.5 keV）は、陽子やヘリウムの近くを通るときに電子と陽電子を対生成し、その電子・陽電子は、陽子やヘリウム核による制動放射としての光子を放出する。このようにして、エネルギーの低い光子に変化していく。エネルギーの低い光子は吸収や散乱を受け、数十万年で中心から太陽表面に達する。したがって、太陽中心の現在の活動状況は光では観測不可能であり、ニュートリノで観測される。

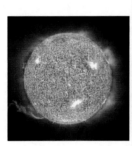
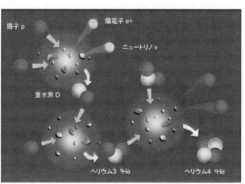

★　太陽中心部での核融合反応

プラズマ

　プラズマ は、固体・液体・気体につづく物質の第四の状態の名称である。気体を構成する分子が部分的にまたは完全に電離し、陽イオンと電子に分かれて自由に運動している状態である。プラズマ中の電荷は、異符号の電荷を引き付けるため、全体として電気的に中性な状態に保たれる。また構成粒子が電荷をもつため、粒子は電磁場を通して遠隔的な相互作用をすることができ、離れた領域にある粒子の運動に依存したふるまいをする。

プラズマは、中に多数の自由電子があるため電流が極めて流れやすい。電流が流れればその近辺に電磁場を生じ、プラズマ自身の運動にも大きく影響する。プラズマ中では粒子は集団行動をとりやすく、外部から電磁場をかければ強く反応し、全体として有機体的な挙動が観測される。その1つとして、通常の気体中には存在しない、電場を復元力とする縦波であるプラズマ振動が存在する。

プラズマは、様々な温度と密度で存在する。地上で自然に見られるものとしては、雷や炎そして、極地で見られるオーロラがある。宇宙の見える物質の99.9%はプラズマ状態にある。太陽中心は、9×10^{25} 個 cm^{-3}（150g cm^{-3}）の水素が温度1500万 K のプラズマ状態にあり、その圧力は4000億気圧にもなる。一方、太陽コロナでは密度が$10^{6\sim9}$ 個 cm^{-3}、温度は100万 K以上で、太陽風は密度が$1\sim10$ 個 cm^{-3}、温度は$10\sim50$万 Kである。

地上80~500 kmにある電離層の密度は$10^{3\sim6}$ 個 cm^{-3}、温度は1300 K程度である。この場合、すべての原子・分子が電離しているわけではなく一部だけが電離しており、弱電離プラズマと呼ばれる。ロウソクの炎も弱電離プラズマ状態にあり密度は$^{8\sim10}$ 個 cm^{-3}、数千Kである。中性原子と1価イオンとの電離平衡（$X \rightleftarrows X^+ + e$）における電離度 $\alpha = n^+ / (n^+ + n_0)$ は次式のようになる。

$$\alpha = \frac{\rho}{\rho+1} \qquad \rho = \sqrt{\frac{3\times10^{27}}{n_0(m^{-3})}} T^{3/4} exp\left(-\frac{V_i}{2kT}\right) \tag{10.1}$$

ここで n_0、n^+、V_i は、中性原子密度、イオン密度、イオン化ポテンシャルである。人類が核融合エネルギーを手にするためには、磁場を加えた限られた領域に高温プラズマを閉じ込め、プラズマを取り囲む容器から熱的に遮蔽しつつ、核融合反応で出てくる熱エネルギーを取り出す技術を開発する必要がある。そのためにはプラズマの物性を理解し制御することが必要不可欠である。

● 重力閉じ込め核融合炉：太陽

我々の生活に必要不可欠な光とエネルギーを与えてくれる太陽は、天の川銀河系にある2000億個の恒星の一つで、半径が地球の110倍（$R_{sun} = 70\times10^4$ km）、質量が32万倍（$M = 2\times10^{30}$ kg）の巨大な水素の球体である。太陽表面からのエネルギー放出は、$L = 3.86\times10^{26}$ Wである。太陽が形成された45億年前に、太陽質量$M = 2\times10^{30}$ kgが一ヵ所に集まることで、重力エネルギーE が解放される。

$$E = \frac{GM^2}{R_{sun}} = 3.8 \times 10^{41} \text{ (J)} \tag{10.2}$$

Gは、重力（万有引力）定数で、イオンと電子1個あたりのエネルギー~1 keV（温度で770万 K）に相当する。現在の太陽中心の温度は1500万 Kと予想され、同程度の温度が重力の作用で生成したことになる。この温度では、原子は電子と原子核に分かれプラズマ状態になり、太陽は巨大な高密度のプラズマ球体である。太陽の中心部は150 g cm^{-3} という高密度で、太陽質量の半分は半径の1/4以内に集中している。アインシュタインの特殊相対性理論 $E = mc^2$ から、「質量は凍結したエネルギー」であることがわかる。

　太陽や恒星の中では、質量の一部がこの関係式に従ってエネルギーに変換される。太陽中心部にある2個の陽子が結合する時、^{2}Heは不安定で、陽電子を放出する弱い相互作用で1つは中性子に変換し、他の陽子と結合する。その際、エネルギー的に低い安定状態を実現するために0.42 MeVという質量をエネルギーとして放出して重水素を形成する。

$$p + p \rightarrow D + e^+ + \nu_e + 0.42 \text{ MeV} \tag{10.3}$$

p、D、e$^+$、ν_e はそれぞれ水素、重水素、陽電子と電子ニュートリノである。この最初の融合反応では、宇宙初期と同じく陽子2個から重水素が形成される。しかし温度が低いため時定数が100億年程度の極めてゆっくりした反応である。陽電子はすぐに電子と結合し、1.02 MeVのエネルギーを放出する。この反応でできた重水素は水素と融合し^{3}Heになる。

$$p + D \rightarrow {}^3_2\text{He} + \gamma + 5.49 \text{ MeV} \tag{10.4}$$

γ、${}^3_2$He は、ガンマー線、ヘリウム3で、2個の${}^3_2$Heから${}^4_2$Heが生成する。

$$ {}^3_2\text{He} + {}^3_2\text{He} \rightarrow {}^4_2\text{He} + 2p + 12.86 \text{ MeV} \tag{10.5}$$

これらの反応を合わせると、結局4個の水素からヘリウム4が生成する。

$$4p + 2e^- \rightarrow {}^4_2\text{He} + 26.72 \text{ MeV} \tag{10.6}$$

　ニュートリノが持ち去る 0.26 MeVを除いた 26.46 MeV/4 = 6.55 MeVが、水素1個あたりから生じるエネルギーということになる。宇宙にはビッグバンで作られた膨大な水素が存在し、それらが引き合って作られた巨大な恒星の中心で、水素の核融合が起こっている。

　太陽中心部での水素の燃焼率は、L/6.55 MeV = 3.7×10^{38} s^{-1} で、6.2億 ton s^{-1}の水素が融合している。エネルギーに転換される質量は440万 ton s^{-1}になる。45億年間に6%程度の水素がヘリウムに変換されたことになる。中心部で発生したエネルギーは、

放射・対流を通じ太陽表面に達し、太陽表面は5800 Kである。水素1 gで石油15 tのエネルギー6.4×10^{11} Jが発生する。

太陽の状態を人間のエネルギー発生密度 1000 W m^{-3} と比較すると、非常に小さい値であることがわかる。ちなみに人間のエネルギー発赤密度は、100 W/人、脳 30 W、心臓鼓動一回 約1 Jで1W (J s^{-1})である。

★ 太陽の状態

比較項目	太陽の中心の状態
温　度	1600 万 K
密　度	160 g cm^{-3}
圧　力	2400 億 atm
エネルギー発生密度	10 W m^{-3}

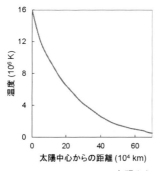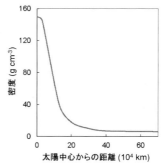

★ 太陽からの距離と温度、密度

pp連鎖反応とCNOサイクル

恒星内部での水素燃焼には、陽子－陽子連鎖反応（ppチェイン）と、炭素・窒素・酸素（CNO）サイクルの両方がはたらいている。

pp連鎖反応とは、恒星の内部で水素をヘリウムに変換する核融合反応の一種である。恒星内で起こる水素の核融合反応の主要な過程であり、太陽と同程度かそれより質量の小さい恒星でのエネルギー生成の大半を担っている。太陽の誕生後、100億年も経つと中心の水素が燃え尽き、コア部分の水素燃料がほとんど消費される。

一般に、2つの水素原子（陽子）の間に働くクーロン力に打ち勝って核融合反応が起こるためには、大きなエネルギー（高い温度）と圧力（密度）を必要とする。恒星内部で陽子－陽子連鎖反応が完了するまでの平均的な時間尺度は10^9年のオーダーである。このように反応の進行がゆっくりとしているため、太陽や小質量星は長時間にわたって輝くことができる。

第10章 核融合

★ 水素－水素サイクルと炭素・窒素・酸素サイクル

反応		放出エネルギー	反応平均時間
p + p	⇒	D + e$^+$ + ν	0.4 MeV	140億 年
e$^+$ + e$^+$	⇒	2γ	1.0 MeV	10^{-19} 秒
p + D	⇒	^{3}He + γ	5.5 MeV	5.7 秒
^{3}He + ^{3}He	⇒	^{4}He + 2p	12.85 MeV	100万 年

ppサイクルまとめ 4p + 2e$^-$ ⇒ ^{4}He + 6γ + 2ν + 26.65 MeV

反応		放出エネルギー	反応平均時間
p + ^{12}C	⇒	^{13}N + γ	1.95 MeV	1300万年
^{13}N	⇒	^{13}C + e$^+$ + ν	1.57 MeV	7分
p + ^{13}C	⇒	^{14}N + γ	7.54 MeV	270万年
p + ^{14}N	⇒	^{15}O + γ	7.35 MeV	3.3億年
^{15}O	⇒	^{15}N + e$^+$ + ν	1.73 MeV	82秒
p + ^{15}N	⇒	^{12}C + ^{4}He	4.96 MeV	11万年

CNOサイクルまとめ 4p ⇒ ^{4}He + 2e$^+$ + 3γ + 2ν + 25.10 MeV

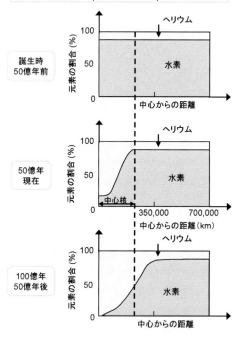

★ 核融合による太陽内部の元素変化

　CNOサイクルは大質量星のエネルギー生成過程に大きく寄与している。太陽内部でCNOサイクルによって生み出されるエネルギーは全体の約1.6%である。CNOサイクルは温度が約1400万－3000万Kの環境で稼動する。サイクル反応が回り始めるための種として、^{12}Cや^{16}Oなどの原子核がある程度存在する必要がある。現在考えられ

ている元素合成理論では、ビッグバン元素合成で炭素や酸素はほとんど全く生成されないと考えられるため、宇宙誕生後の第1世代の恒星の内部では、CNOサイクルによるエネルギー生成は起こらなかったと考えられる。このような星の内部ではトリプルアルファ反応によってヘリウムから炭素が合成された。やがてこれらの星が超新星爆発によって、炭素を星間物質として供給したため、そこから生まれた第2世代以後の恒星では炭素原子核が最初から恒星内に含まれており、CNOサイクルの触媒として働くようになっている。

核子結合エネルギー

原子核の質量数A、陽子数Z、中性子数Nとすると$A = Z+N$であり、原子核の質量はゼロ次近似として次式のようになる。実際には$M(A,Z)$が右辺より小さく、結合エネルギー$\Delta E(A,Z)$を考慮して下式のようになる

$$M(A, Z) \approx ZM_p + (A - Z)M_n \tag{10.7}$$

$$M(A, Z) = ZM_p + (A - Z)M_n - \frac{\Delta E(A,Z)}{c^2} \tag{10.8}$$

具体的な半実験式は ベーテ・ワイゼッカーの質量公式と呼ばれ、Aを固定して考えると、次式のときに、最も安定な核となる。

$$Z = N \approx \frac{A}{2} \tag{10.9}$$

核子1個当たりの結合エネルギー $\Delta E/A$ は、Aが大きい領域では15.6 MeV から $\propto A^{2/3}$ を差し引いた値であり、Aが小さい領域では $\propto A^{1/3}$ を差し引いた値となる。核子1個当たりの結合エネルギーの最大値は、$A = 56$（鉄）で ~9 MeVであり、$M_p c^2$ の ~1%である。

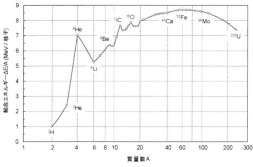

★ 質量数 A に対する核子当たりの結合エネルギー

第10章 核融合

核融合研究の背景

国際熱核融合実験炉（ITER：イーター）は、国際協力によって核融合エネルギーの実現性を研究するための実験施設である。

- 二酸化炭素（CO_2）による地球温暖化 ⇒ 化石燃料を凌駕する新エネルギー開発
- ➢ 代替エネルギー
  太陽光、風力 ⇒ 低エネルギー密度
- 核融合エネルギー
  エネルギー密度：地球上で最高
  燃料となる重水素が豊富
  ⇒ 究極のエネルギー源

- ◆ 国際熱核融合実験炉（ITER）
- ◆ フランスで2008年建設開始
- ◆ 2019年 初プラズマ達成予定
- ◆ 2027年 DT運転開始予定
- ◆ 高温材料面で多数の課題

ITER
エネルギー増倍率＞10 ～500秒の長時間運転
エネルギー増倍率～5 定常運転可能性

JT-60（日本）
プラズマ維持
28.6秒－世界最長

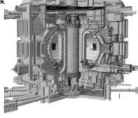

★ 核融合研究の背景　JT-60とITER　JAEA ITER

★ ITERと太陽の比較

物理量	ITERプラズマ	太陽
外径 (m)	16.4	140万km
中心温度 (K)	2億	1500万度
中心密度 (m^{-3})	10^{20}	10^{32}
中心気圧 (atm)	～5	～10^{12}
発熱密度 (W/m^3)	600000	0.3
反応	DT反応	pp反応
質量 (g)	0.35	$2×10^{33}$
燃焼時定数	200 s	$3×10^{17}$(100億年)

この核融合実験炉は核融合炉を構成する機器を統合した装置であり、ブランケットやダイバータなどのプラズマ対向機器にとって総合試験装置でもある。計画が順調に行けば原型炉、実証炉または商業炉へと続く。しかしこれまでの研究装置では、実用化に足る規模のエネルギー（数十万 kW程度）を継続的に発生させた例はなく、瞬間値としても欧州連合のJETが1997年に記録した1万6千 kWが最大である。

ITERでは最大で50～70万 kWの出力（熱出力）が見込まれており、実用規模のエネルギーを発生させる初の核融合炉となる。さらにITERでは、エネルギー発生プラントとしてのエネルギー収支も大きく向上し、運転維持に必要なエネルギー（入力エネルギー）と核融合により生成されるエネルギー（出力エネルギー）との比（エネルギー増倍率）が、従来装置での1程度に比べ、5～10を目標値としている。

第10章 核融合

　核融合による発電を行う場合、長時間連続して核融合反応を生じさせる必要があるが、実用可能な程度に高い圧力のプラズマを保持するまでには至っておらず、日本のJT-60が28.6秒を達成したのが世界最長である。ITERではこれを超えて、エネルギー増倍率が10以上の場合でも300－500秒の長時間運転を達成でき、またエネルギー増倍率が5の場合には定常運転（連続運転）が可能となることを目標としている。

　核融合炉はプラズマ閉じ込め用の超伝導コイル、プラズマ加熱用の加速器、保守のための遠隔ロボット等、高度な技術の集大成である。ITERにおいてこれらの機器を統合的に運用し、極限環境において正常に運転するという経験を積むことはITERの大きな目的の一つである。

　核融合の実用化には、高い中性子照射に耐えるとともに、放射性物質に変化しにくい材料の開発が必要不可欠であるが、ITERは材料開発に用いるためには中性子の発生量が不十分であり、これを主な目的とはしていない。したがってITERと並行して核融合炉材料の開発を行う必要があり、IFMIF計画という、国際協力により材料開発のための照射設備の建設計画が、日本の青森県六ヶ所村で進行中である。

DD反応とDT反応

　核融合発電研究は、1950年代から本格化しているが、まだ発電できるレベルには至っていない。核融合反応の燃料は無尽蔵であることから、将来のエネルギー源の一つとして大きく期待されている。

　原子核は正の電荷を持ち、原子核が近づくと反発する。この反発力に打ち勝つ運動エネルギーを外部から与えると、二つの原子が衝突し一つの原子核になる。この反応を核融合反応という。核融合反応により、反応前後の結合エネルギーの差に相当するエネルギーが放出される。このエネルギーを核融合エネルギーという。

　核融合反応で実現の可能性のあるのが重水素 D と三重水素 T（トリチウム）の DT反応と、重水素同士の DD 反応である。それぞれの反応は下記のようになる。

$$^2D + {}^3T \rightarrow {}^4He\ (3.52\ MeV) + {}^1n\ (14.07\ MeV) \tag{10.10}$$

$$^2D + {}^2D \rightarrow {}^3T\ (1.01\ MeV) + {}^1p\ (3.02\ MeV) \tag{10.11}$$

$$^2D + {}^2D \rightarrow {}^3He\ (0.82\ MeV) + {}^1n\ (2.45\ MeV) \tag{10.12}$$

ここで、^2D：重水素、^3T：三重水素、^1p：陽子、^1n：中性子である。DD反応は二つの反応がほぼ同じ確率で起こるので、核融合エネルギーの平均は3.65 MeVとなる。

165

第10章 核融合

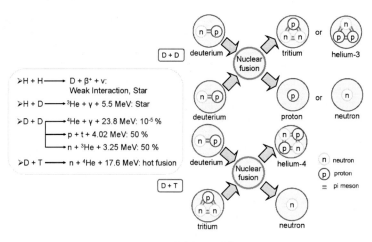

★ DD 反応と DT 反応

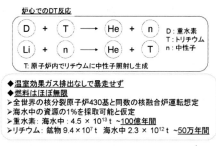

★ 炉心での DT 反応と資源

　DT核反応は、反応条件が緩やかで、最も早く実用化が見込まれている。トリチウムは、自然界においては、大気の上層でわずかに生成されるのみで、半減期の短い放射性物質であるため事実上採取は不可能である。また、高速中性子が生成するため、炉の材質も検討が必要となる。現在検討されているトリチウム入手法は、核融合炉の周囲をリチウムブランケットで囲い、炉から放出される高速中性子を減速させつつ核反応を起こし、トリチウムを得る方法である。

● 核融合反応率

　核子の半径 $\sim 10^{-15}$ m でのポテンシャルエネルギーは 0.4 MeV であり、単純な核反応ではこのエネルギーを超える必要がある。実際には、次の二つの効果で反応が促進する。

166

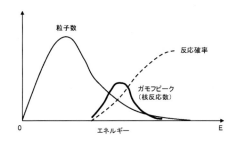

★ 粒子数と反応確率から定まる核融合反応のガモフピーク

① 核反応がトンネル効果により増大
② 速度分布の高エネルギー成分が核融合反応に寄与

粒子数 f と反応確率 P は、次式で示され、これらから定まる核融合反応のガモフピークを図に示す。γ は共鳴の強さである。

$$f(E) = \frac{2}{\pi^{1/2}}\left(\frac{1}{kT}\right)^{3/2} E^{1/2} \exp\left(-\frac{E}{kT}\right) \tag{10.13}$$

$$P \sim \frac{1}{\sqrt{E}} \exp\left(-\gamma \frac{q_a q_b}{\sqrt{E}}\right) \tag{10.14}$$

核融合反応率 R は、核融合反応率係数 $\langle \sigma v \rangle$ により、次式のようになる。ここで v は、反応粒子間の相対速度で、$\langle \ \rangle$ はマックスウェルの速度分布について平均した量であることを表す。σ は反応断面積である。

$$R_{DT} = n_D n_T \langle \sigma v \rangle_{DT} = \frac{1}{4} n^2 \langle \sigma v \rangle_{DT} \tag{10.15}$$

DT核融合反応率係数は温度 10 keV 近傍で、次式で近似できる。

$$\langle \sigma v \rangle_{DT}\ (m^3\ s^{-1}) \sim 1.1 \times 10^{-24} T\ (\text{keV})^2 \tag{10.16}$$

DT炉の場合には、α 粒子（エネルギー W_α = 14.1 MeV）はプラズマ加熱に、中性子はブランケットへ吸収され熱に変換される。次式のトリチウム増殖にも使われる。

$$^6\text{Li} + n \rightarrow T + {}^4\text{He} + 4.8\ \text{MeV} \tag{10.17}$$

DT核融合炉出力 P_f は、1回の核融合反応の核融合エネルギーを W_f とし、炉心プラズマ体積を $V\ (m^3)$ として、次式のようになる。

$$P_f = \frac{n^2}{4} \langle \sigma v \rangle_{DT} W_f V \tag{10.18}$$

第10章 核融合

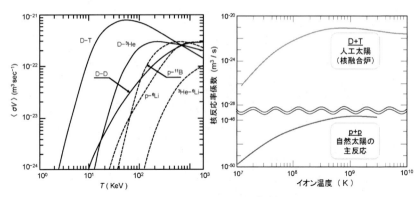

★ 各種核融合反応の核反応率係数の温度依存性と比較

例として温度20 keV、核融合反応率係数$\langle\sigma v\rangle_{DT} = 4 \times 10^{-22} \text{m}^3 \text{ s}^{-1}$、プラズマ密度 $n = 10^{20}$ m^{-3}、プラズマ体積 $V = 1000$ m^3、核融合エネルギー$W_{f(DT)} = 17.6$ MeV $= 2.8 \times 10^{-12}$ J のDT核融合炉の核融合炉出力は、$P_f = 2.8 \times 10^9$ J s$^{-1} = 2.8$ GW となる。

核融合炉の DT 核反応断面積は、太陽の pp反応よりはるかに大きい。核融合反応率は、プラズマ密度の二乗に核融合反応断面積をかけた値に比例する。人工太陽である核融合炉の DT 核反応断面積は、自然の太陽での pp 核反応断面積よりはるかに大きな値である。

● 量子トンネル確率と共鳴

クーロン障壁の透過率 P は次式のようになる。

$$P(E/E_c) = \frac{\sqrt{E_c/E}}{exp\sqrt{E_c/E}-1} \tag{10.19}$$

$$E_c = \frac{m_r e^4}{8\varepsilon_0^2 \hbar^2} = 0.98 A_r (\text{MeV}) \tag{10.20}$$

ここで、m_r は換算質量（a, bの核融合反応では $m_a m_b/(m_a + m_b)$）、A_r は換算質量の質量数、ε_0 は真空の誘電率、$\hbar$ はプランク定数である。式より求めた臨界エネルギーE_c は、重水素と三重水素の核融合反応 T(d,n)^{4}Heに対して1.18 MeVである。実測された核融合反応断面積から求めた臨界エネルギーE_c は、1.27 MeVで良い精度で一致している。

核力ポテンシャルの中に入った換算質量をもった粒子は、核力による強い引力によって、もともと持っていた運動エネルギーより高い運動エネルギー（より短い

ド・ブロイ波長）を持つようになる。このような急激な波数の変化は、原子核内での共鳴相互作用を引き起こす。DT融合反応の場合、実測された断面積から、共鳴エネルギーE_rは78.65 keV、共鳴幅Γは146 keVとなる。共鳴相互作用によって、物質波の確率振幅が大きくなるということは、複合核^{5}Heにおいて、物質波が一定の境界条件を満たすエネルギーに対応したエネルギー準位を持つことに相当する。複合核は不安定で崩壊し、崩壊時定数τは共鳴幅Γと$\Gamma\tau = \hbar$という関係を持ち、$\Gamma = 146$ keVから$\tau = 4.5 \times 10^{-21}$ s となる。この時間は、フェルミエネルギーを持った核子の通過時間$\tau_F = 2R/v_F = 4.4 \times 10^{-23}$ s と比べると 100倍とかなり長い寿命である。

これらを考慮した核融合反応断面積は、次式のようになる。

$$\sigma_r = \pi\lambda^2 P(E/E_c) \frac{\Gamma_i \Gamma_f}{(E/E_r)^2 + \Gamma^2/4} \tag{10.21}$$

ここで、$\lambda^2 = \hbar^2(2ME)^{-1}$, $\Gamma_i \sim k \sim 1/E^{0.5}$ という関係があり、核融合反応断面積の実測値は次式のようになる。

$$\sigma_r = \sigma_0 \frac{E_{cL}}{E_L[exp\sqrt{E_{cL}/E_L}-1]}\left[\frac{1}{1+4(E_L-E_{rL})^2/\Gamma_L^2} + c\right] \tag{10.22}$$

ここで、T(d,n)^{4}He反応では $\sigma_0 = 23.79$ barn , $E_{cL} = 2.11$ MeV , $E_{rL} = 78.65$ keV , $\Gamma_L = 146$ keV , $c = 0.0081$ で与えられる。Lは実験室系を意味し、barnは反応断面積の単位で10^{-28} m^{2}である。実験室系での重水素エネルギーE_Lは、重心系のエネルギーEと $E = m_t/(m_d + m_t) E_L$ で関係しているので、$E_c = 0.6E_{cL} = 1.27$ MeV で与えられる。

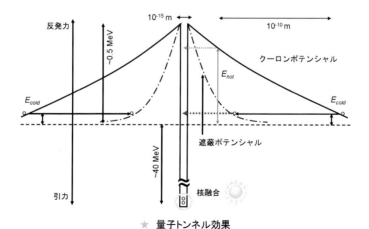

★ 量子トンネル効果

核分裂

　質量の大きな原子核は、高エネルギー中性子を吸収すると核分裂する。核分裂の時に発生する核分裂中性子のエネルギーは、図に示すように 10 MeV までの広い範囲に分布し、平均は 2 MeV である。核分裂でできた原子核は、核分裂生成物と呼ばれる。核分裂に伴い多種のエネルギーが放出され、このエネルギーは、核分裂生成物の運動エネルギー、放出中性子の運動エネルギー、放出されるγ線のエネルギー、中性粒子のエネルギー、および核分裂生成物からのβ線のエネルギーなどである。

　表に核分裂に伴うエネルギーを $^{233}_{92}U$ 、$^{235}_{92}U$ 、$^{239}_{94}Pu$ についてそれぞれに示す。1原子が 1 回核分裂するとき、約190 MeVのエネルギーが放出される。1 J 当たりの核分裂数は 3.3×10^{10} 個、1 MW day のエネルギーを得るためには $^{235}_{92}U$ が1.3 g必要である。核分裂時には、核分裂前の全体の重量が分裂後に減少し（質量欠損）、等価なエネルギーを原子核の結合エネルギーという。

　1 個の中性子が原子核と作用すると核分裂反応し、その時発生する中性子が再度核分裂を起こし連続的に核分裂が起こる。この現象を連鎖反応といい、1 個の中性子が原子核に吸収されたとき発生する中性子の数が多いほど、連鎖反応は大きくなる。

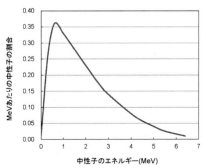

★ 核分裂中性子のエネルギー分布

★ 核分裂時のエネルギー放出量

原子	E_κ	$E_{\gamma\iota}$	E_n	E_β	E_{rd}	合計
$^{233}_{92}U$	163	7	5.0	9	7	191
$^{235}_{92}U$	165	7.8	5.2	9	7.2	194
$^{239}_{94}Pu$	172	7	5.8	9	7	201

E_κ：核分裂生成物の運動エネルギー　　$E_{\gamma\iota}$：核分裂の瞬時放出のγ線エネルギー
E_n：分裂中性子のエネルギー　　E_β：核分裂生成物からのβ線エネルギー
E_{rd}：核分裂生成物からのγ線エネルギー

核融合炉の実現条件

核融号反応を実現させるためには、外部からエネルギーを与える必要がある。その一つが熱運動により、原子核同士を衝突させる方法で、熱核融合反応という。重水素と三重水素の気体を10^5 K以上の高温にすると、その原子はイオンと電子に完全に分離する。この状態をプラズマという。プラズマ温度を10^8 Kにまで上げると、プラズマ中のイオンや電子が激しく運動し、イオン同士が衝突し核融合を起こす可能性が高くなる。一方、温度を上げるとプラズマは膨張し飛散するので、核融合反応に必要な時間、プラズマを閉じ込めなければならない。

核融合反応が生じるためには、プラズマ温度 T、プラズマ密度 n、プラズマ閉じ込め時間 τ が、ある値以上であることが必要で、核融合炉の成立する条件は次のようになる。

DT反応：　　　$T > 3 \times 10^7$ K、$n\tau > 10^{20}$ s 個 m^{-3}　　　　　　　　　(10.23)

DD反応：　　　$T > 2 \times 10^8$ K、$n\tau > 10^{22}$ s 個 m^{-3}　　　　　　　　　(10.24)

核融合発電に必要なプラズマの特徴を図に示す。

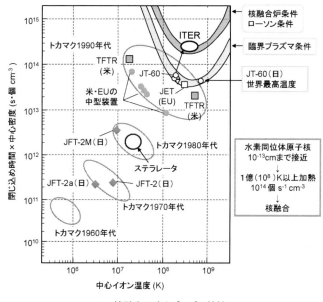

★ 核融合反応とプラズマ特性

U字形カーブの上が核融合発電炉に必要な領域で、自己点火が成立するための必要条件でローソン条件（核融合発電が継続して行われる条件）といい、次の二つを同時に満たさなければならない。
① プラズマの中心温度が1億K以上
② 中心の原子核の数密度と閉じ込め時間の積が10^{14} 個 cm^{-3} s 以上

下のU字形カーブはプラズマを加熱するパワーとDT核融合反応で出てくる出力が等しくなる臨界プラズマ条件である。世界の核融合実験炉では、イオン温度および（閉じ込め時間×中心密度）が上昇し、核融合炉条件に近づいている。

ローソン条件とは図のように、核融合炉から取り出せる電気エネルギーが、プラズマ生成加熱に必要な電気エネルギーより大きい条件である。つまり、W_L は単体体積あたりのプラズマの生成加熱と高温維持のための炉へ注入されるエネルギーの合計、W_F は単位体積あたりの核融合炉の熱出力、η_C は熱エネルギーから電気エネルギーへの変換効率、η_I は炉内へエネルギーを注入する効率として、次式のようになる。両辺が等しくなる条件を0出力条件という。

$$\eta_C (W_L + W_F) > W_L/\eta_I \tag{10.25}$$

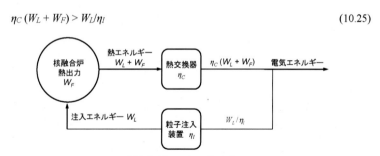

★ 核融合炉のエネルギーバランス

レーザー核融合

レーザー核融合は、高出力レーザーの光を用いた核融合である。核融合反応でエネルギーを取り出すためには、燃料プラズマを高温に加熱し、密度と時間の積がある一定値以上のローソン条件を満たす必要がある。磁気閉じ込め核融合では、低密度のプラズマを長時間（1秒以上）保持することを目指す。一方、燃料プラズマを固体密度よりもさらに高密度に圧縮、加熱し、プラズマが飛散する前、つまりプラズマがそれ自体の慣性でその場所に留まっている間に核融合反応を起こしてエネルギーを取り出す慣性核融合の研究が進められている。レーザー核融合は、燃料の圧縮と加熱のために大出力レーザーを用いる慣性核融合の一方式である。

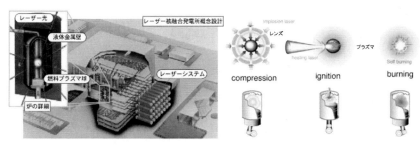

★ レーザー核融合の概念図　IFEフォーラム、大阪大学レーザーエネルギー学研究センター

熱核融合の問題点

　現在世界では多くの核融合の実験が行われている。そのうちの一つが国際熱核融合実験炉（ITER）での核融合研究である。これはトカマク型と呼ばれるプラズマ閉じ込め方式を利用し、核融合を達成しようとしている実験炉である。しかし、この方法では大きな問題点が二つ明らかになっている。その二つの問題点とは、

① 燃料の重水素（D）と三重水素（T）はともに水素の同位体であり、トリチウムはベータ線を放出する半減期12.3年の放射性同位体である。トリチウムは酸素と結合して三重水となり、放射能汚染を引き起こす。装置の中には約2 kgのトリチウムが蓄えられる。

② 1億 KのDT反応で発生する大量の高エネルギーの中性子は炉壁、建造物を放射化し、4万トンの低レベル放射性廃棄物が生成し膨大な資金を必要とする。

　これに対して、低温核融合は放射線をほとんど出さず、主生成物は^{4}Heであり他には少量の陽子や中性子を生成するだけである。融合に使う燃料も重水素であり、環境汚染の心配もほとんどない。しかし再現性の低さのために実用が困難なことと理論が確立していないことが問題である。

凝集系核融合

　本来、高温高圧でしか起こらない核融合を低温で確認したという低温核融合、凝集系核融合がある。現代の物理学では、水素原子の核融合反応を起こすには、極度の高温と高圧が必要であり、室温程度の温度で目視できるほどの核融合反応が起きるとは考えられていなかった。現在まで続けられている地道な基礎実験では、次のようなことが報告されている。

● 検出される中性子量は通常の核融合で予想される量より少ない

- γ線はほとんど検出されない
- fcc、hcp型金属では反応が起こるが、bcc型では起こらない
- 反応生成物は主に^{4}Heである
- 過剰熱現象の再現性は最大で60%程度
- 100%の核変換再現性
- 過剰熱の発生量としては電極1 cm^{2}あたり0.1〜1 W程度

極性結晶によるDD焦電核融合

タンタル酸リチウムLiTaO$_3$極性結晶に大きな温度差を与え、焦電効果により重水素原子核ビームを発生・加速させる。その重水素イオンを重水素化したターゲットに照射・注入することで、高温高圧によらずDD核融合を実現し、^{3}Heと弱い中性子が発生する。核融合を起こすために必要なエネルギーが、核融合から得られるエネルギーより大きいため、発電目的には実用的ではない。しかし小さな中性子生成装置、特に重水素ではなく三重水素を用いるようなものにおいては有用な技術である。

このように、焦電性結晶が生成する高強度の静電場を利用した核融合反応を、焦電核融合という。焦電性結晶の静電場により、重水素（またはトリチウム）イオンを加速し、重水素（またはトリチウム）を含む金属水素化物に衝突させ核融合反応を発生させる。

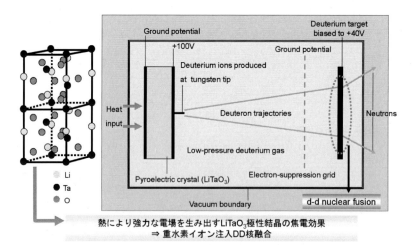

熱により強力な電場を生み出すLiTaO$_3$極性結晶の焦電効果
⇒ 重水素イオン注入DD核融合

★ LiTaO$_3$極性結晶を用いた DD 核融合

ミューオン触媒核融合

　ミューオンは電子の207倍の重さを持つ不安定な素粒子であり、正または負の電荷をもつものがある。ミューオンを作り出すには、非常に高いエネルギーを持つ陽子や重イオンを、ベリリウムや銅などの金属に照射することにより、正あるいは負の電荷をもつミューオンが金属中から飛び出す。また同時に、π中間子（パイオン）と呼ばれる素粒子も発生する。真空中のパイオンは、0.026 μs程度の寿命で正および負の電荷のミューオンへと変換する。ミューオンの寿命は2.2 μs程度であり、やがて陽電子や電子に変換する。

　このミューオンを用いたミューオン触媒核融合では、DDあるいはDT分子の周りを回る電子を、「重い電子」であるマイナスミューオンに置き換えクーロン障壁を変化させ、分子内の核間距離を電子とミューオンの質量比である約1/200まで縮める（10^{-10} m → $5×10^{-13}$ m）ことで、大きな核融合反応を達成する。

　ミューオンは自然界から多量に得ることができず短寿命であるため、加速器で発生したミューオンを用いる。ミューオンは、ミューオン分子を使って核融合反応を起こしたのち、再び自由となりこのサイクルを繰り返す。また一部は、^{4}He（α粒子）に捕捉される。つまりこのサイクルを支配する要因は、一つのミューオンが何回触媒として利用できるかと、核融合後にミューオンがα粒子に捕捉される確率に依存している。

　1粒子が1秒間に起こす核融合反応率は、熱核融合装置であるトカマク炉中での反応と比較すると千倍程度大きくなると試算されている。

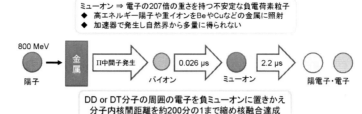

★　ミューオン触媒核融合の原理

キャビテーション核融合

　超音波を作用させた液体金属リチウム(Li)に、重陽子ビームを照射することで、DD核融合が促進されることが見出された。反応率増大の要因は、超音波キャビテーションにより、液体金属Li中に700万度の重陽子プラズマが生成されたためと予測される(Phys. Rev. C 85 (2012) 054620.)。

　恒星内では、プラズマ中での熱核融合により、軽い原子核から重い原子核へと核変換が進行し、それに伴うエネルギーが放出される。熱核融合は、高温ガス中で熱運動している2個の原子核による核融合反応のことで、熱運動のエネルギーが、衝突する原子核間のクーロン障壁に打ち勝たなければ反応は起こらない。よって、通常は1億Kもの高い温度が必要である。宇宙における元素合成のメカニズム解明や地上での核融合エネルギー利用開発のためには、密度や温度の異なる広範囲にわたるプラズマ状態での核反応研究が必要である。

　液体に超音波を作用させると、密度の粗密振動を引き起こす。密度が小さくなった時、液体が気化しミクロンサイズの気泡が発生する。生じた気泡や気泡の生成をキャビテーションと呼ぶ。気泡が急激に圧縮される時、高温高密度状態になる。

　DD核融合反応は、2個の重陽子(D)が衝突することで生じる核反応で、発熱反応である。D+D → p+T と、D+D → n+^{3}He の2つの過程がほぼ1:1の割合で生じる。実験では、液体金属Li標的に30～70 keVの重陽子ビームを照射し、同時に液体Liへの超音波照射のON/OFFを繰り返し、ビーム照射中の D(d,p)T反応（標的核(入射粒子,放出粒子)残留核）が、超音波ON時にのみ、陽子収量である反応率が増加した。また陽子ピークの裾が高エネルギー側に広がる現象が観測され、標的重陽子は超音波ON時に液体Li中に生じる超音波キャビテーションにより、約700万度Kの高温プラズマ状態にあることが確認された。

　この実験では、バブル核融合の証拠は見出せなかったが、高温プラズマ標的による核反応の促進効果が示された。バブル核融合とは、超音波キャビテーションで発生する気泡内高温高圧下での熱核融合で、Science 295 (2002) 1868 にて重水素化アセ

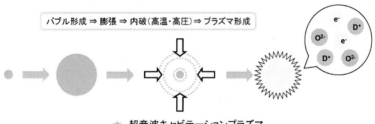

★ 超音波キャビテーションプラズマ

トンの超音波照射により、DD熱核融合を計測したという報告があるが、核融合現象は再現できていない。

液体中で超音波キャビテーションにより生成される高温状態の温度は、数千度〜数万度の領域では、ソノルミネッセンスの観測などにより直接測定されている Nature 434 (2005) 52。ソノルミネッセンスとは、液体中で超音波キャビテーションにより発生した気泡からの発光である。気泡の内部での高温によって熱励起された原子・分子による発光や、ラジカルによる化学発光である。

この結果は、液体金属Li中での超音波キャビテーションにより100万Kを超える高温プラズマ生成の直接的証拠を示したもので、卓上サイズ小型実験装置によるプラズマ核融合研究の可能性もある。

水素吸蔵合金凝集核融合

水素吸蔵合金PdD、MgH_2は、気体と比較して水素高充填密度を実現している。また水素放出がゆっくりで急激な水素放出による事故防止が可能である。水素吸蔵合金は固体容積の千倍程度にも達するほど大量の重水素を吸蔵する性質を持ち、吸収された重水素の密度は固体重水素と比較しても高い状態となり、固体中でイオンとして存在すると考えられる。固体中に凝縮された重水素はある条件下で互いに衝突し、室温においても低い確率でDD核融合反応が起こる可能性があると考えられる。

パラジウムPdにDを注入することで、PdD_x格子系のダイナミックスで過渡的に、プラトン正多面体構造に束縛されたDクラスターを発生させる。このDクラスターはバックグラウンド中性子をトリガーとして凝集運動を開始し、核融合を達成するといわれる。簡単な反応機構を正四面体凝縮モデル（TSC：Tetrahedral Symmetric Condensate）を用いて表すと、図のようになる。① 初期の正四面体凝縮（TSC）の形成、② 約1.4 fs 後に最小サイズのTSC形成、③ ^{8}Be中間複合核の形成、④ ^{8}Beが2個の^{4}Heに崩壊、という機構で核反応を起こす。

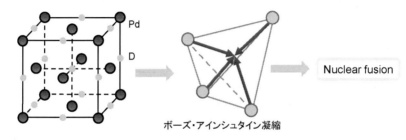

★ Pd 中の 4D 凝集核融合

第10章 核融合

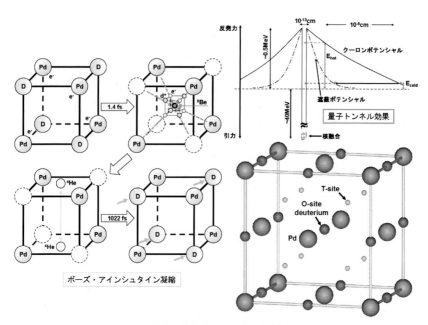

★ 水素吸蔵合金内重水素凝集核融合

　TSCモデルの他に正六面体凝縮モデル（OSC）もあるが、この反応はランジュバン方程式によるポテンシャル計算結果より、非常に起こりにくいことが示されている。TSCモデルでは、ポテンシャルが非常に不安定で基底状態を持たず、極小状態まで凝縮可能なことが示されている。それに対して、OSCモデルでは原子間距離が40 pmで基底状態を持ち安定化する。そのためOSC構造はそれ以上凝縮することは難しく、TSC構造の方が凝縮可能性が高い。2Dモデルでは、重水素間距離が$R_{dd} = 25$ fmにまで近づいたところでポテンシャルの底を持つことが示されている。この距離まで重水素原子ペアは、電荷中性の擬似粒子として近づき、非常に短時間で中間複合体に転化する。

● 水素の量子トンネル効果

次式を用いてPd中の重水素Dの拡散係数Dの計算を行う。

$$D = D_0 \, exp\left(-\frac{E_D}{kT}\right) \tag{10.26}$$

ここで、$D_0 = 1.7 \times 10^{-7}$ m² s⁻¹、E_D（活性化エネルギー）= 0.206 eV、

k：ボルツマン定数、T：温度 > 100 Kである。

　ある原子が、あるサイトaを占有している状態から隣のサイトbを占有する状態に移る確率を表した値が、ホッピング率（W）である。温度依存性があり、固体内水素の拡散現象にみられる。ここでは、熱活性化トンネル効果を表すFlynn-Stoneham式を用いて計算する。

$$W = \left(\frac{J^2}{h}\right)\pi\sqrt{\left(\frac{\pi}{E_a kT}\right)}exp\left(-\frac{E_a}{kT}\right) \tag{10.27}$$

ここで、J：トンネル行列要素（移動する粒子の質量に依存）、h：プランク定数、E_a：活性化エネルギー、d：サイト間距離である。ホッピング率Wと拡散係数Dの関係は次式のようになる。

$$D = \frac{d^2 W}{6} \tag{10.28}$$

　300 Kでの拡散係数を求めたところ、$D = 5.86×10^{-11}$ m^2 s^{-1}となった。さらに拡散距離として、Pdのfcc格子の最近接重水素原子間距離を求め、拡散時間 $t = 1.29×10^6$ fsと算出できる。ここでトンネル効果によるホッピング率を考える。熱活性化トンネル効果を表す式にそれぞれの値を代入し、$W = 4.6×10^9$ s^{-1}、トンネル行列要素 $J = 27$ を得る。さらにこの値を用いて核融合過程で、局所的に熱が発生しているものと考え、高温(1800 K)のホッピング率、拡散係数、拡散時間を求めた。するとそれぞれ、$W = 1.5×10^{12}$ s^{-1}、$D = 1.8×10^{-8}$ m^2 s^{-1}、$t = 4.1×10^3$ fs という結果が得られた。

　Pd結晶格子中の最近接重水素間拡散時間の温度依存性を確認した結果、温度上昇とともに初めに急激に拡散時間は短くなり、その後高温では拡散時間は飽和しつつある。Pdの融点である1828 K付近まで計算を行ったが、この温度近傍では拡散時間は小さくならず停滞する。そのため、温度上昇による拡散時間の短縮は限界があるものと考えられる。

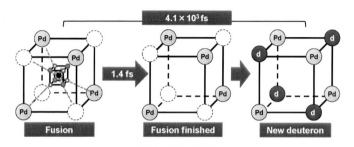

★　核融合と重水素拡散時間

また温度上昇後の最近接重水素間拡散時間は $t = 4.1×10^3$ fs となり、核融合が起こる速度 1.4 fs と比較して、拡散時間のほうが2900倍以上長くなり、核融合に必要な重水素の連続供給は難しいものと考えられ、核融合の連続反応は起こりにくいと考えられる。拡散時間をより短くするためには、活性化エネルギーの低下、移動する粒子の質量の低下、サイト間距離の低下などが考えられ、今後の研究が必要である。

まとめとして、凝集系核融合機構として4D/TSC核融合モデル・Pd固体内重水素拡散過程の考察を行い、Pd結晶では重水素の最近接重水素間拡散時間は核融合時間に比べて2900倍であり、TSC凝集核融合の連続反応は困難であると予測される。

超伝導材料

国際熱核融合実験炉（ITER）においては、高い密度のプラズマを1億K以上という高温の下で、ドーナツ状の真空容器に閉じこめる。真空容器の中からプラズマが飛び出さないように、超伝導コイルによる磁力線により閉じこめる。超伝導コイルは、13 Tの高磁場、超伝導転移温度（T_c）4 K以下の低温、臨界電流密度（J_c）以下の 46000 Aという大電流など厳しい条件のもとで、高い信頼性を示す必要がある。

ITERの超伝導コイル・システムは、トロイダル磁場コイル、中心ソレノイド・コイル、ポロイダル磁場コイルの3つで構成される。トロイダル磁場コイルはドーナツ型に配置され、熱いプラズマを真空容器の壁に触れないように閉じこめる。中心ソレノイド・コイルはプラズマ中に電流を発生させ、ポロイダル磁場コイルとともにプラズマを真空容器の中心に安定に保つ役割を果たす。

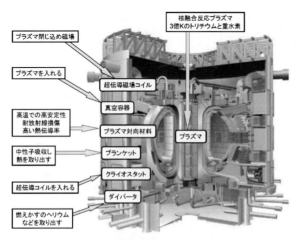

★ ITER の構造　JAEA ITER

超伝導コイルは、高さ14 m、磁場13 T、重さ1000 tの巨大なマグネットで、建設費の4割を占める。強磁場を発生させるために、高い電流密度（J_c）を達成しなければならない。通常の銅線を用いた常伝導コイルでは、6 GWという莫大な電力を使い、核融合発電に対する電力量の消費が多すぎるために、発電炉として成り立たない。また銅コイルでは、コイル自身が発生する熱量が多く、短時間で加熱してしまい、長時間の運転はできない。

以上より超伝導マグネットが必要不可欠となる。特に高温超伝導体開発は、有力な候補の一つで、超伝導体の原子配列・微細構造は、超伝導特性に大きく影響する。図は$Bi_2Sr_2Ca_2Cu_3O_8$-Agの電子顕微鏡像、電子回折パターン、EDXによる組成分析の結果で、77 Kで$\sim 10^4$ A cm^{-2}の高いJ_cを示す。図中のアモルファス-ナノ結晶（AM-NC）が、超伝導磁束ピンニングのサイトの役割を果たし、クーパー対の効率的移動により高いJ_cの実現へ寄与していると考えられる。

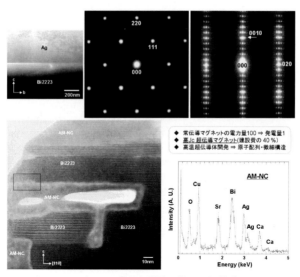

★ 高 J_c Bi 系超伝導酸化物の微細構造

核融合炉材料の熱伝導率

核融合炉のプラズマ対向材料としては、プラズマからの高い熱負荷に対して優れた耐侵食性が要求されるとともに、高エネルギー中性子に対する高い抵抗性が要求される。炭素材料は低原子番号であり、比較的熱伝導率が高いので、プラズマ対向材料として広く使用されてきた。これまでに開発されてきたC/Cコンポジットは、核

融合炉の工学段階におけるプラズマ対向機器用材料としては、まだ十分ではない。将来、炭素材料の熱的・力学的性質に及ぼす放射線損傷の影響が重要な問題となる可能性があり、これについてはまだ十分な研究が行われていないのが現状である。問題は、核融合炉の運転中炭素材料の熱伝導率が高温において低くなるということである。したがって、将来の核融合炉に使用するためには、高温で高い熱伝導率を持ち、照射損傷にもっと安定な炭素複合材料を開発する必要がある。

炭素/銅複合材料は長年、電気ブラシとして使用されてきた。この場合、これらの材料の磨耗特性が注目されていたもので、高温での熱伝導率が注目されていたのではない。炭素材料の熱伝導率を増加させるために、熱処理、金属元素添加および黒鉛化中の加圧の影響などが研究された。最近、C/CuおよびC/Ag複合材料の熱伝導率が室温から1400 Kまでの間で測定され、核融合炉への応用を想定して検討されている。このうちC/Ag複合材料は、銀を使用するため、核変換による放射化が大きく、核融合炉には使用できないと考えられる。C/Cu複合材料は、高温で高い熱伝導率を示すという観点から有望ではあるが、室温における熱伝導率がC/Cコンポジットの熱伝導率よりも小さくなる場合がある。この理由は炭素と銅との間の界面の凝集力が小さいため、炭素と銅の間に間隙を生じ、熱抵抗を大きくしていることによる。

ここでは、銅を含浸した（10~18 vol. %）等方性黒鉛およびC/Cコンポジットの銅との界面の凝集力を高めることを目的にチタンTiを少量（0.5~0.8 vol. %）添加したことによる熱伝導率と微細組織への影響を検討した結果を示す。核融合炉への応用のため熱伝導率の高い銅を金属元素として選んだ。さらにチタンは、炭素および銅との合金形成のエンタルピーが小さい（ΔH_{Ti-C} = -656 kJ mol^{-1}、ΔH_{Ti-Cu} = -40 kJ mol^{-1}）ために、第三元素として選択した。C/Cu複合材料にチタンを添加することで、炭素と銅との間の界面における強い凝集力のために、高温で炭素材料よりも高い熱伝導率を示すことが期待される。

銅と原子炉級黒鉛材料IG-430Uの熱伝導率の温度依存性を図に示す。黒鉛と銅を混合すればその混合比に応じてそれらの中間にくるはずである。C/Cu材は確かに高温では銅と黒鉛の中間にきているが、室温付近では、黒鉛の熱伝導率より小さい値を示している。同じことがC/Cコンポジット、CX-2002Uについてもいえる。

Cuのみ含浸したものが室温で炭素材料の熱伝導率よりも小さくなったのは、C-Cuの界面が、冷却の際の熱膨張差によって一部離れて空隙を生じているためと考えられる。この空隙を減らすため、銅及び炭素と化合物形成が容易になるように化合物形成のエンタルピーが小さいチタンTi、ジルコニウムZrなどが有効と予測できる。チタンを含浸したC-Cu複合材料を作製し熱伝導率を評価すると図のようになり、Cuのみを含浸した材料より大きな熱伝導率を示し、高温では約30%増加した。

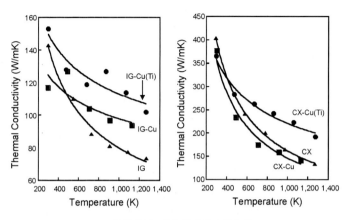

★ 炭素材料の熱伝導率温度依存性

核融合炉材料の界面構造

　C-Cu複合材料はCuの融点（1356 K）まで、化合物を作らない。また、熱膨張係数は、炭素が$4×10^{-6}$、銅が$17×10^{-6}$であり、溶融したCuの中へCを入れても冷却した場合、室温ではCとCuの界面はかなり間隙を生じる可能性がある。そこで、CとCuの両者に対して化合物形成のエンタルピーを調べてみると、図が得られる。この図から、チタンTi、ジルコニウムZr、ハフニウムHf などが界面の化合物形成に有効であることがわかる。ここではTiについて、検討し上記のように、熱伝導率が高温で炭素材料よりも向上することが明らかになった。

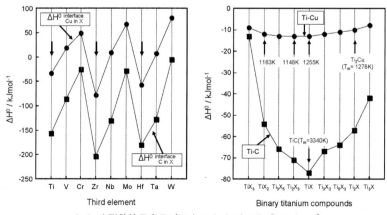

★ C・CuとTi耐熱性元素及び Ti との C・Cu との形成エンタルピー

第10章 核融合

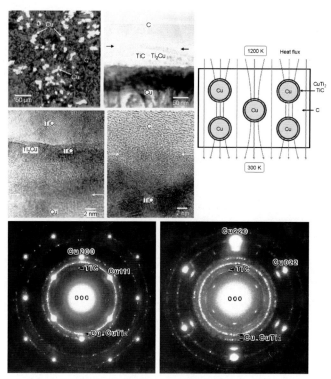

★ CC(Ti)コンポジットの界面構造と熱伝導モデル

　C-Cu複合材料に1%程度のTiを添加するで、熱伝導率が予想通り高温で大きく向上した理由を、このカーボンアロイの界面の微細組織を調べることで検討する。
　IG-430U+Cu(Ti)の低倍率TEM写真を図に示す。図中黒い部分がCuである。界面の炭素側について電子回折パターンをとってみると図のようにいくつかのデバイシェラーリングが薄くでている。ここで、電子線はCu結晶の[0$\bar{1}$1]及び[1$\bar{1}$1]に平行に入射させた。これらのリングはTiCとCuTi$_2$に対応しているものと考えられた。界面における高分解能電子顕微鏡の格子像ではCu/TiCの界面が示され、Cu、CuTi$_2$、TiCの格子像が観察される。またEDXの結果から界面にTiが濃縮されていることが示された。
　Tiを添加することによって、CとCuの間の間隙がCuTi$_2$、TiC等の化合物によってかなり充填され、熱伝導率が向上したと考えられる。さらに、チタンの添加により炭素の黒鉛化が促進され、熱伝導率の増加に寄与したことも考えられる。いずれが主たる原因となって熱伝導率の向上をもたらしたかは、現在のところ不明であるが、

第10章　核融合

Tiを含まない複合材料では、CuとCは複合化の温度条件では反応することは考えにくいので、熱膨張係数の差を考慮すると室温における両者の間の空隙の存在は明らかであろう。空隙がもし酸素か窒素などの気体で充填されていても、化合物で充填されている場合に比べれば、当然後者の方が熱伝導率は大きくなると考えられる。

　これらのことから、CとCuとの間の合金形成のエンタルピーが小さい第三元素を少量添加すると複合材料の熱伝導率が増加し、高温での安定性も向上すると考えられる。図によると、Zrは最も低いエンタルピーをもっていることが分かる。従って、炭素—銅複合材料にジルコニウムを少量添加することにより熱伝導率の増加が期待される。実験によると、予想通りTi添加の場合と同様に熱伝導率の増加が確認されている。

　炭素材料と銅との界面は室温では、上記のように熱膨張差のために間隙ができていると考えられる。そのため、熱抵抗が大きくなり、炭素材料だけの場合より熱伝導率が小さくなることもありうる。しかし、温度上昇に伴い、銅と炭素との界面は物理的に充足されるようになり、高温では、銅の熱伝導率の影響が現れて、炭素材料の熱伝導率よりも大きくなったものと考えられる。炭素と銅の両者と化合物を形成しやすい第三元素を添加することにより、これらの界面がある程度化合物により充足されることになり、広い温度範囲にわたって、熱伝導率の向上が見られたものと考えられる。

コラム　　　質量の源

　2012年7月に、質量の源とされるヒッグス粒子らしきものが、欧州合同原子核研究機関において発見されたと朝日新聞の一面でも報じられた。そしてヒッグス氏は2013年のノーベル物理学賞を受賞した。宇宙に存在する粒子はすべて、スピンが半整数のフェルミ粒子か、スピンが整数のボース粒子に分けられる。我々の身の回りにある物質はすべてスピン1/2のフェルミ粒子で、光子（フォトン）がスピン1のボース粒子である。ヒッグス粒子は、素粒子に質量を与えるスピン0の粒子であり、標準理論で予言されていた。

　ヒッグス理論によれば、宇宙のはじまりでは、すべての素粒子は自由に動きまわることができ質量がなかった。しかし自発的対称性の破れにより真空に相転移が起こり、真空にヒッグス粒子が生じることによってほとんどの素粒子がそれに当たり抵抗を受けることになり、これが素粒子の動きにくさである質量となった。質量の大きさとは、宇宙全体に存在するヒッグス場との相互作用の強さを意味するのである。

　光子はヒッグス場からの抵抗を受けないため、相転移後の宇宙でも自由に動きまわることができ、現在でも質量がゼロのままである。重力と質量の発生のしくみは空間の構造によって決まるため、現在まだ未完成の量子重力理論における重力子（グラビトン）の交換によって説明されると期待される。

| コラム | 光と神 |

「神はすべてを創造したのか？」「悪は存在するのか？」「神は悪を作り出したのか？」
　有名な高等研究所の大学教授が、学生たちに、この挑戦的な質問をした。「神は、存在するものすべてを創造しただろうか？」

　一人の学生が勇敢にも答えた。「はい、そう思います」。
　教授は尋ねた。「神はすべてを創造したと言うのかね？」
　学生は答えた。「はい、先生。神は確かにすべてを創造したと思います。」
　教授は答えた。「もし神がすべてを創造したというなら、神は悪も作り出したはずだ。そうなると、神を悪と考えることもできるわけだね。」
　その学生は黙ってしまい、教授に対して答えられなかった。教授は、キリスト教の信仰が作り話にすぎないことを証明したつもりになり、自慢げに満足そうに喜んでいた。

　別の学生が手を挙げて言った。「先生、質問してもよろしいでしょうか？」
　教授は答えた。「もちろんいいとも」
　学生は立ち上がって尋ねた。「先生、冷たさというのは存在するでしょうか？」
　「何をわけのわからない質問をしているんだ。存在するに決まっているじゃないか。冷たさを知らないのか？」他の学生たちも、この学生の質問をあざ笑った。
　この学生は答えた。「先生。実際には冷たさというのは存在しません。物理学の法則によれば、わたしたちが冷たいと感じているものは、実際には熱がないことなのです。熱は、体やものにエネルギーを持たせたり伝えたりすることなのです。絶対零度(-273℃)というのは、完全に熱のない状態です。そしてその温度では、すべてのものは、不活性になり、反応もできなくなります。冷たさというのは、存在しません。この冷たさという言葉は、どれぐらい熱をもっていないかを感じる目安として、作り出された言葉なのです。」

　その学生は続けた。「先生、闇は存在するでしょうか？」
　教授は答えた。「もちろん存在するに決まっているだろう」

　その学生は答えた。「先生。あなたはまた間違えましたね。闇も存在しないのですよ。闇というのは、実際には光が存在しないことなのです。光を調べることはできますが、闇を調べることはできません。ごくわずかな光でも、闇の世界を壊し、照らし出すことができます。どのくらい暗いかをどうやって測れるのでしょう？実際には光がどれだけ存在するかを測っているのです。闇というのは、光が存在しないことを述べるために、使われる言葉なのです。」

　最後に、その若い学生は教授に尋ねた。「先生、悪は存在しますか？」

　今度は、その教授は、ちょっと躊躇しながら答えた。「もちろん、我々は毎日悪を見ているじゃないか。人間に対する残酷なことが毎日のようにあるだろう。世界中どこでも多くの犯罪や暴力があるじゃないか。これらは明らかに悪以外の何ものでもない。」

　これに対して、その学生は答えました。
　「先生。悪は存在しないのですよ。少なくとも、悪自身が存在することはありません。悪は、単に神がない状態に過ぎません。悪という言葉は、ちょうど闇や冷たさと同じように、神のない状態を述べる言葉にすぎません。神は悪を作り出していません。悪は、人間が心の中に神の愛を持っていないときに起こる現象なのです。それは、熱がないときの冷たさ、光がないときの闇と、同じようなものなのです。」
　教授はがっくりと座り込んでしまった。

　その若い学生の名前は、「アルバート・アインシュタイン」であった。

第11章

生体関連材料

光合成

　植物の光合成は、二つの主要な反応（明反応と暗反応）から成る。最初の反応で太陽エネルギーを ATP と NADPH に蓄え、第二の反応で、この化学エネルギーが CO_2 の糖質への取り込みに使われる。明反応と呼ばれる第一段階で、水に由来したプロトンが ADP と Pi から化学浸透圧的に ATP を合成するのに用いられるのに対して、水からの電子は、NADP＋と NADPH への還元のために使用される。暗反応と呼ばれる段階で気体状 CO_2 は、NADPH と ATP を利用して糖質を生成する。光合成は、葉緑体中に存在するチラコイド膜で行われ、その膜は光化学系 II（PSII）、シトクロム b6f、光化学系 I（PSI）の 3 種のタンパク質複合体で構成されている。PSI と PSII は、タンパク質と結合した色素分子で構成される集光性複合体、反応中心、特殊ペアと呼ばれる 2 つのクロロフィル分子の複合体などから成る。クロロフィル a、b は、図に示すように赤と青の光を吸収するため、人間の目には可視光の残りの緑色に見える。

　光受容体は、クロロフィル a、b（緑色素）で、プロトポルフィリン IX 誘導体（Mg^{2+} 配位）構造で光エネルギーを吸収し、高エネルギー状態になり周囲に電子を与え、様々な化学反応を起こすエネルギーとなり、水と二酸化炭素が分解し、酸素と炭水化物が生成する。明反応では、水を酸化して酸素にし、光合成で発生する酸素は水に由来している。また暗反応では、二酸化炭素から有機物を生成する。

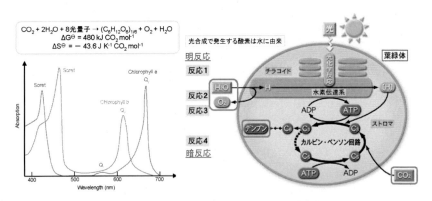

★ 光合成反応メカニズムとクロロフィルの光吸収

光合成のエネルギーレベル

　光合成反応は、いわば可視光エネルギーを電子ポンプとする、水から二酸化炭素への電子の流れとして理解でき、その全過程は次の3つに要約できる。

① 水からの電子引き抜き：水の酸化による酸素発生

$$2H_2O \rightarrow 4e^- + 4H^+ + O_2 \tag{11.1}$$

② 水に由来する電子の高エネルギー化：反応中心クロロフィルにおける光励起で高エネルギー電子e^{-*}を生成—2段階

$$4e^- + 8光量子 \rightarrow 4e^{-*} \tag{11.2}$$

③ 高エネルギー電子による二酸化炭素の還元：ニコチンアミドアデニンジヌクレオチドリン酸、NADPの還元による主生成物の炭水化物合成

$$CO_2 + 4e^{-*} + 4H^+ \rightarrow (C_6H_{12}O_6)_{1/6} + H_2O \tag{11.3}$$

このような反応はきわめて複雑精妙な一連の光化学反応により可能になっている。その一連の反応を図に示した。反応は、式で示されるように、水から二酸化炭素への電子の流れで表わされ、この過程は電子のエネルギーが高められるプロセスで、そのエネルギーを供給するのが太陽可視光エネルギーである。光合成は以下の形の反応式でも表される。

$$6CO_2 + 6H_2O + 光 (2880 \text{ kJ mol}^{-1}) \rightarrow C_6H_{12}O_6 + 6O_2 \tag{11.4}$$

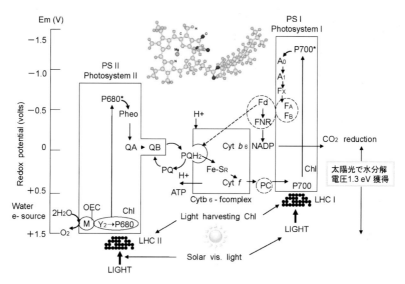

★ 光合成のエネルギーレベル

第11章　生体関連材料

6 mol の水分子に 2880 kJ = 1.75×10^{25} eV の光エネルギーが加わって、1 mol のブドウ糖が合成される。6 mol の水分子は $6 \times 6.022 \times 10^{23}$ 個なので、1 個の水分子当たりでは 4.99 eV である。このエネルギーでは生物に有害な紫外線領域の光である。光合成では、青色の光と赤色の光の 2 つを組み合わせてブドウ糖の合成が行われる。光合成の効率（太陽エネルギーに対するブドウ糖エネルギー生成率）は理論的には 8% と言われている。

図は、光の捕獲、電子伝達、プロトン移動の概念図で Z 機構と呼ばれる。電子伝達に必要な電子は、PSII に光のエネルギーを与え、酸素発生複合体(OEC:Mn イオンを 4 つもつ，金属タンパク質)を活性化させることによって始まる。反応は、$2H_2O \rightarrow O_2 + 4H^+ + 4e^+$ であり、これは、Mn イオンが 5 段階の励起を踏むことにより達成される。生成した 4 つの電子は、Z（反応中心のタンパク質サブユニットのチロシン残基）を経て酸化型 P680（特殊ペアの吸収極大が 680 nm）に移動し、強い電子供与体（P680*）に変わる。その後電子は、フェオフィチン a(Pheo)、プラストキノン（PQA、PQB）、膜結合型のプラストキノンプール（PQpool）の順に渡される。そして、シトクロム b6f 複合体、次いでプラストシアニン（PC：銅を含む表在性膜たんぱく質）に渡される。このとき 8 個の H^+ がストロマからチラコイド内に導入され、それによって生じたプロトン濃度勾配は、APT の生成に使用される。

人工光合成

光合成は植物などの葉緑素をもつ生物が行う、光エネルギーを化学エネルギーへと変換する生化学反応である。光合成は水と二酸化炭素を使って、酸素と有機物を生成している。人工光合成は、自然界で行われているこのシステムにならい、太陽エネルギーから化学エネルギーを得る方法である。現在のエネルギー・環境問題にとって重要な研究である。

人工光合成は、研究分野によって定義が異なる。錯体化学では、植物の光吸収用ポルフィリン錯体や酸素発生用Mn錯体の機能を部分的に模倣する研究を示す。反応で区分する場合は、光エネルギーを化学エネルギーに直接変換・貯蔵するアップヒル反応を起こすシステムを示す。水を水素と酸素に完全分解する反応、炭酸ガスと水から有機物を合成する反応、窒素と水からアンモニアなどを合成する反応は3大人工光合成反応である。光触媒や光電極反応などが対応する。太陽電池と電気分解を組み合わせた水素製造は、直接的な変換ではないので、人工光合成とは呼ばない。

可視光を利用できる光触媒の研究が行われ、可視光を用いて水を酸素と水素に分解する技術が開発された。酸素発生用の光触媒に酸化タングステン（600nmより短波

長を利用)、水素発生用の光触媒にクロムとタンタルをドープしたチタン酸ストロンチウム(460nmより短波長を利用)を用いた系でのシステムを構築した。これにより安価に水を分解し、水素を生成することが可能となった。変換効率は低いが(~1%)、今後の研究が期待されている。

人工光合成のシステムが完成されれば、資源循環型社会を構築できる可能性がある。人工光合成を用いた技術として現在考えられているのが、医薬品の開発(活性酸素除去)、難分解性有機化合物の分解反応触媒である。光合成のZ機構の仕組みを用いれば、人工的に光合成を作り出すことができ、可視光により水を水素に変換することができる。具体的には、レドックスリレーを単純化し、I⁻(ヨウ素イオン)とIO₃⁻(ヨウ素酸イオン)という一組のレドックス対でPSIとPSIIを連結したものをヨウ化ナトリウムの水溶液に混合して懸濁し、可視光を照射することにより達成できる。PSIとしてはクロムをドーピング(結晶格子置換)したチタン酸ストロンチウム($SrTiO_3$)半導体粉末に白金を担持した光触媒、PSIIとしては酸化タングステン(WO_3)半導体粉末に白金を担持した光触媒を用いている。

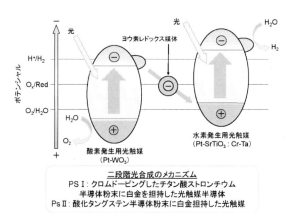

★ 二段階人工光合成

光触媒

光触媒活性物質として、二酸化チタン(TiO_2)が実用化されている。酸化チタン光触媒が紫外光を吸収すると次の2つの機能を発現する。

① 強い酸化還元作用: TiO_2の価電子帯の電子が紫外光で伝導帯に励起されると、還元力の強い電子と非常に酸化力の強いホールが生成する。TiO_2に適切な助触媒を組み合わせれば、水を酸素と水素イオンに酸化、また同時に水を水素と水酸化物

イオンに還元するほどの酸化還元能を示し、水を酸素と水素に分解できる。この本多・藤嶋効果により、TiO₂を用いて水から水素を得る研究が進められている。これは太陽光エネルギーから、水素クリーンエネルギーを生成することを意味し、夢のエネルギー循環サイクルといわれる。酸化作用を利用し、有害物質の分解なども試みられている。例えば病院の手術室の壁・床を酸化チタンでコーティングしておけば、紫外光ランプを照らすだけで殺菌処理を行うことが可能である。この応用は既に製品化されており、一部の病院で利用されている。また応用として色素増感太陽電池も作られている。

② 超親水作用：超親水性を示す作用は、ガラスの防曇加工技術として既に応用されている。自動車のバックミラーや道路のミラー等をTiO₂でコーティングしておけば、水がはねついても表面で水滴とはならず、そのまま流れ落ちる。そのため雨天時の視認性が大幅に向上する。また油性の汚れが全く定着せず、雨などで定期的にこのような水が流れることにより、表面が洗浄され、いわゆるセルフクリーニング作用をもつ。このセルフクリーニング作用は、既にビル外壁やテントシートおよび住宅用窓ガラスなどへ応用されている。

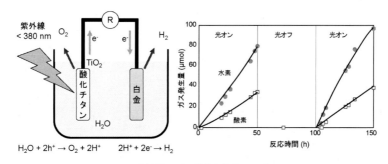

★ 光触媒による酸素と水素の発生

バイオ光化学電池

バイオ光化学電池は、伝導性の高い多孔質半導体膜（TiO₂）を光電極とし、対極で酸素還元を行う電池である。これにバイオマス廃棄物を水溶液に懸濁して用いることで、太陽光で分解除去でき、かつエネルギーを直接電力に変換できる。分解して生成するのは二酸化炭素と窒素のみなので、自然界で物質循環することが可能となる。

複数のパネルにバイオマスを懸濁した水溶液を循環させ、太陽光を照射して、分解除去と電力回収を行う。バイオマスに適用できるのは、生ごみ、森林廃棄物、農

業ごみ、畜産廃棄物、排水・下水の浄化、河川湖沼の浄化、雨水の浄化と飲料水化などであり、応用範囲は極めて広い。

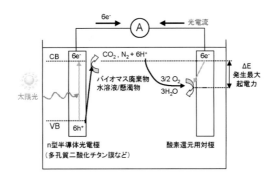

★ バイオ光化学電池

バイオ燃料電池

　燃料電池は水素などの燃料と酸化剤を供給することで、電力を取り出せる化学電池である。化学エネルギーを、直接電気エネルギーに変換するため発電効率が非常に高く、将来に有望視されているエネルギー源の1つである。現在、燃料電池は固体高分子型燃料電池、リン酸型燃料電池、溶融炭酸塩型燃料電池、固体酸化物型燃料電池の4方式が主となっているが、これらは化石燃料を必要とする。

　他に酵素や微生物を用いた、バイオ燃料電池と呼ばれる技術に関心が寄せられている。バイオ燃料電池は酵素や微生物の働きにより糖を分解して、電気エネルギーを取り出す。環境問題やエネルギー問題を解決できるため、有望視されている技術である。食物からエネルギーを得る、グルコース−空気燃料電池では、反応は図のように進み、1.24 Vの起電力が取り出せる。しかし実際のところ、このような電池は食物を原料とするため、食料供給を困難にしたり、食品の価格高騰が起こる可能性がある。

バイオ燃料電池
↓
食物からエネルギーを取り出す生体システムの応用
酵素・微生物により糖を分解 ⇒ 電気エネルギー
↓
環境に優しくエネルギー問題を解決

グルコース（$C_6H_{12}O_6$）空気燃料電池
燃料極：$C_6H_{12}O_6 + 6H_2O \rightarrow 6CO_2 + 24e^- + 24H^+$
空気極：$6O_2 + 24e^- + 24H^+ \rightarrow 12H_2O$

食料を原料とする ⇒ 食品の価格上昇
バイオディーゼル用油 ⇒ 森林伐採の問題

★ バイオ燃料電池

第11章　生体関連材料

★　燃料電池の種類

	アルカリ型 AFC	リン酸型 PAFC	固体高分子型 REFC (PEM)	溶融炭酸塩型 MCFC	固体電解質型 SOFC
電解質	水酸化カリウム	リン酸	高分子膜	溶融炭酸塩	安定化ジルコニア
作動温度	100 ℃以下	~200 ℃	100 ℃以下	~650 ℃	~1000 ℃
燃料	高純度水素	水素	水素	水素	水素
発電効率	60 %	35~45 %	40 %	45~55	50%
用途	特殊環境 （宇宙、深海）	コジェネ発電 （中規模）	分散電源 （自動車）	コジェネ発電 （大規模）	コジェネ発電 （中規模）

　体内でエネルギーを作り出すバイオ燃料電池を生体内で機能させることも成功している。このバイオ燃料電池の片方の電極はカーボンナノチューブとブドウ糖酸化酵素とを混ぜた圧縮物から成り、もう一方の電極はカーボンナノチューブとブドウ糖およびポリフェノールの酸化酵素の混合物から成り、電流はプラチナのワイヤーに流れる仕組みである。バイオ燃料電池の電極でブドウ糖から電子を取り去り、もう一つの電極で酸素と水素にその電子を渡し水を作り出すもので、電極を回路に繋いで生じた電流を、ペースメーカーなどの体内装置の電源とすることが期待されている技術である。人体には常にブドウ糖も酸素も存在するため、電池を外から供給しなくても機能し続けることが可能であるという。電極は体内の免疫システムから守るメッシュ素材で保護している。

　燃料電池は電解質の種類により分類される。アルカリ型燃料電池は低温での反応が可能でありアポロ宇宙船用電池として開発されたが、高純度の水素が必要である。固体高分子型電解質が固体で小型軽量化が可能であり、振動にも強いので自動車への応用が考えらえている。発電用には、リン酸型燃料電池が用いられている。650 ℃や1000 ℃で運転する溶融炭酸塩型や固体電解質型では発電効率を高くすることや熱の有効利用が可能であるが、反面、短時間の運転開始不可や高耐熱構成材料選択の難点がある。

コラム　　アインシュタインの人生観－自然

★　海は、壮大な姿をしている。特に日が沈む瞬間は。自分が自然に溶け込み一つになるように感じ、個人という存在の無意味さを感じそれは幸せな気分。
★　私に畏敬の念をいだかせるものはふたつ。星がちりばめられた空と内なる倫理的宇宙。
★　私達が体験しうる最も美しいものとは神秘である。これが真の芸術と科学の源となる。
★　永遠や人生や実在の不思議な構造といった神秘についてよく考えてみるなら、畏敬の念をもたずにはいられない。毎日、この神秘を少し埋解しようとするだけで十分である。

第12章

太陽電池材料の微細構造

P3HT/PCBM系太陽電池

共役系高分子P3HTとフラーレン誘導体PCBMとの混合薄膜からなるバルクヘテロ接合型太陽電池は、~5%のエネルギー変換効率が報告され、有機系薄膜太陽電池のスタンダード構造になりつつある。

相対的に電子供与性の大きなP3HTがドナー（D）、電子吸引性の大きなPCBMがアクセプター（A）として機能し、分子間で電荷分離し、光起電力効果が観測される。電荷キャリアの移動は、電子はナノ構造状につながっているPCBMのLUMO間を、ホールはP3HTのHOMO間を、バルクヘテロ構造内に形成された電場を駆動力として、ホッピングによってドリフト移動している。電子輸送材料であるPCBMナノ構造中のキャリア移動パスやホール輸送材料であるP3HTナノ構造中のキャリア移動パスが、バルクヘテロ構造作成に伴って部分的に切断されているため、電荷移動効率が低下するので、以下にキャリア移動パスを保持するかが課題となる。電子移動度とホール移動度をバランスよく最大にすることが必要である。

有機系太陽電池の高効率化には、①光電変換界面であるドナー・アクセプター（DA）相互作用点を増大させること、②電子とホールの輸送経路を同時に効率良く確保すること、を満足する必要がある。

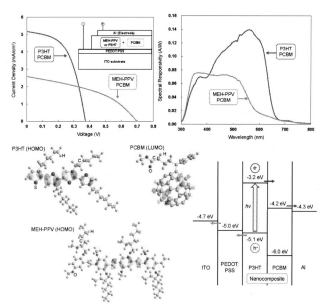

★ P3HT/PCBM、MEH-PPV太陽電池のJ-V特性、分光感度特性、構造とエネルギーレベル図

フタロシアニン二量体系太陽電池

　フタロシアニンは、光導電性、耐熱性、耐候性、化学的安定性に優れる材料として、顔料、酸化触媒、太陽電池材料など様々な分野で利用されている。置換基にアミノ基やヒドロキシ基を持つフタロシアニンを基質として、置換基の水素結合による最近接2分子配列制御を行った場合、高い光導電性を示すことが報告されている。このため、共有結合で結合させたフタロシアニン二量体には、高い光伝導性が期待できるが、二量体に関してはほとんど報告されていない。ここでは、耐食性電極と酸素透過防止層を用いた逆型太陽電池に注目し、フタロシアニン二量体を用いて高い安定性を持つ逆型太陽電池を作製した。

　FTO透明電極の上にTiO$_2$前駆体溶液をスピンコート法で成膜し、450℃で30分間熱処理を行った。続いてn型半導体層C$_{60}$を蒸着またはスピンコートにより成膜した。p型半導体層は、Gaフタロシアニン二量体（GaPc dimer）を蒸着により成膜した。蒸着後、ホール輸送層兼酸素透過防止層としてPEDOT:PSS層をスピンコート法で成膜し、最後に耐食性電極としてAu電極を蒸着により太陽電池試料とした。作製した逆型太陽電池は、1ヶ月後にも高い安定性を示した。また光吸収及び発光スペクトルより、GaPc二量体で励起された電子が、C$_{60}$へ電荷移動している様子が観測された。

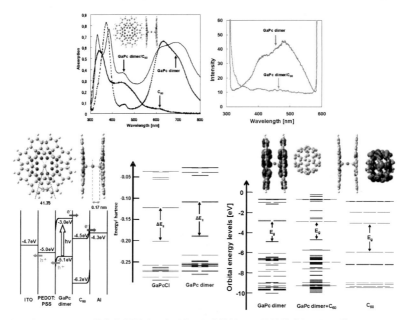

★ フタロシアニン二量体太陽電池の光吸収、発光特性、二量体構造とエネルギーレベル図

図に構造最適化計算後のGaPc二量体構造を示す。2つのフタロシアニン間距離は0.34 nm、回転角は41.35°であった。中心金属をGaからAl, Tiと変えることでフタロシアニン間距離、回転角が変化した。ドナー（GaPc dimer）・アクセプター（C_{60}）間の電子分布の様子を、第一原理分子軌道計算により計算した結果を図に示す。二つを組み合わせることによって、フタロシアニン上の電子分布から（左）、フラーレン側に分布（右）している様子がわかる。

PCBM:P3HTフタロシアニン添加

金属フタロシアニン(MPc)や金属ナフタロシアニン(MNc)は分子全体にπ共役を持ち、光起電力特性や近赤外領域に強い吸収を有する有機半導体であり、電子供与体として有機太陽電池へ応用されている。上に述べたPCBM:P3HT有機活性層は波長350-650 nmにおいて光吸収し発電するが、この領域は太陽光の1/4程度のエネルギーであり、変換効率の向上のためにMPcやMNcなどの長波長領域の吸収を有する有機半導体の導入が必要である。有機太陽電池ではスピンコート法や塗布法などウェットプロセスによる製膜方法が用いられる。一般的に金属フタロシアニンや金属ナフタロシアニンは溶媒への溶解度が低いが、置換基導入により可溶化が可能となる。

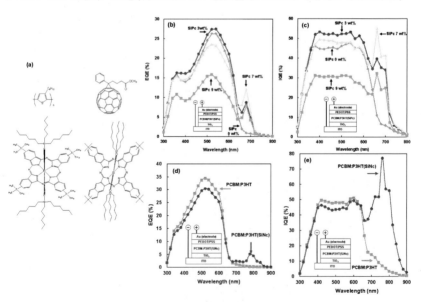

★ (a)P3HT、PCBM、SiPc、SiNcの分子構造、PCBM:P3HT(SiPc)太陽電池の(b)外部量子効率、(c)内部量子効率、PCBM:P3HT(SiNc)太陽電池の(d)外部量子効率、(e)内部量子効率

ここでは、置換基導入により可溶化したSiPc、SiNc（図(a)）をPCBM:P3HT系有機薄膜太陽電池に添加し、光電変換特性を調べた結果を示す。前処理を行ったITO基板に酸化チタン前駆体溶液を製膜し、酸化チタン層を形成した。PCBM:P3HT(MPcもしくはMNc)溶液をスピンコート法で製膜後、PEDOT:PSSを製膜し、Au電極を真空蒸着により作製し光起電力素子とした。SiPc及びSiNcの添加により短絡電流密度が上昇し、光電変換効率が向上した。図(b)及び(c)に外部量子効率(EQE)及び内部量子効率(IQE)の結果を示す。SiPcの添加量に伴い700 nm付近のEQEは増大し、3 wt%までは全体的なEQEが増大しており、IQEの向上はさらに顕著である。PCBM:P3HT系にドナーであるMPc、MNcを添加した場合、ドナーD相に存在すると電荷分離が起こらず、アクセプターA相に存在すると電荷輸送が起こらない。SiNcでは特有の嵩高い軸配位子構造を有するために凝集せずD/A界面に存在し、図(d)及び(e)に示すように外部量子効率及び内部量子効率が向上した。SiNcがD/A界面に存在する場合、電荷移動やキャリア拡散がスムーズに進み特性が向上する。

下図(a)及び(b)は、PCBM:P3HT(SiPc)バルクヘテロ構造のTEM像及び電子回折パターンである。TEM像からP3HT、PCBMがそれぞれ相分離し、PCBMドメイン中にP3HTのナノワイヤ状構造が観察される。電子回折パターンはアモルファス的なハローリングを示している。図(c)に示す模式図のように、SiPcは相分離界面付近に存在し、光電荷分離、電荷移動をフェルスター機構により促進していると考えられる。P3HTからSiNcへの電子輸送とSiNcからP3HTへのホール移動がスムーズに行われるた

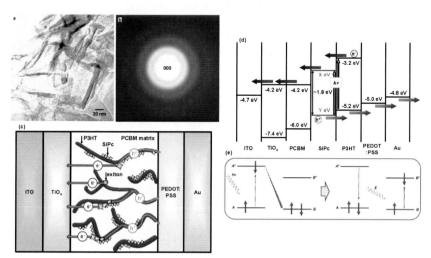

★ PCBM:P3HT(SiPc)バルクヘテロ構造の(a)TEM像、(b)電子回折パターン、(c)界面構造模式図及び、(d)エネルギーレベル図、(e)フェルスター機構模式図

第12章　太陽電池材料の微細構造

めには、SiNcのHOMO、LUMOのエネルギーレベルはP3HTとPCBMの間に存在し、図(d)に示すようにLUMOとHOMOの値がそれぞれ-3.8 eV ≤ X ≤ -3.2 eV、Y ≤ -5.2 eVの条件を満たしていると考えられる。

　SiPc添加による量子効率向上は、図(f)に示すフェルスター共鳴エネルギー移動によるEQE上昇が考えられる。これは、ある蛍光分子（ドナー）の蛍光スペクトルと、蛍光分子（アクセプター）の励起スペクトルに重なりがある場合、ドナーからの発光が起こらないうちに、その励起エネルギーがアクセプターを励起する確率が高くなる現象である。つまりD/A界面にSiPcが存在することによって初めて添加効果が生じ電荷分離効率が向上すると考えられる。P3HT中で電荷分離したキャリアはすべて光電流として取り出せるわけではなく、光吸収し励起したのち再び基底状態に戻る分子も存在するが、SiPc添加によりその現象を抑制できる。SiPc-P3HT間ではフェルスター機構によって励起エネルギーを移動することができ、励起したP3HTの励起エネルギーをSiPcが吸収する。すると、P3HTは基底状態へと戻り、一方SiPcは励起状態になり、SiPcからPCBMへと電子を放出し、SiPc間をホール移動してAu電極へ到達すると考えられる。さらにSiPcはドナーとしても直接光を吸収し励起子生成し、電子受容体であるPCBMに電子移動する。今後の展開が期待される。

● ポルフィリン系太陽電池

　n型半導体C_{60}と混晶構造をとることが報告されているZnTPPを用いたバルクヘテロ接合（BHJ）型太陽電池を溶液法によって作製し評価した。ホールブロック層として、PTCDA層を導入することによりZnTPP:C_{60}構造の、光吸収が増加し、光電変換効率が上昇した。光を入射することによって発生した励起子が、PTCDA層によりAl電極側へとスムーズに流れていることが変換効率を上げることにつながったと考えられる。またPTCDAが励起子拡散防止材としてはたらくだけではなく、n型半導体としても機能し、p型半導体であるZnTPPとの界面で電荷分離が生じ、その結果、V_{OC}が上昇したと考えられる。

　図にZnTPP及びZnTPP:C_{60}薄膜のX線回折の結果を示す。ZnTPPのサンプルにおいては、ZnTPPの強いピークが観察されたが、C_{60}を導入することによってZnTPPのピークは消え、C_{60}の111、220ピークと、ZnTPPとC_{60}の混晶と思われる新たな回折ピークが観察された。C_{60}の[123]入射電子回折パターンを見ると、C_{60}(112)双晶が形成しており、矢印の位置にZnTPPとの混晶と思われる回折反射が、C_{60}とエピタキシャル関係をもちながら現れている。ZnTPPとC_{60}は、図のような混晶構造を形成するので、ZnTPPとC_{60}を用いて太陽電池を作製すると、活性層の分子は配向し、電子とホ

ールはそれぞれC_{60}、ZnTPPを伝達しながらAl電極側、PEDOT:PSS側へと移動すると考えられる。開放電圧は経験的に次式で与えられる。実際の太陽電池の開放電圧は、太陽電池の内部抵抗や欠陥構造などの要因により、若干低下する傾向がある。

$$V_{OC} = e^{-1}|D_{HOMO} - A_{LUMO}| - 0.3 \text{ (V)} \tag{12.1}$$

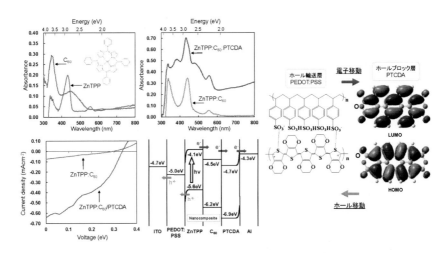

★ ZnTPP/C_{60}系太陽電池の光吸収スペクトル、J-V特性とエネルギーレベル図、ホール輸送層とホールブロック層（電子輸送層）

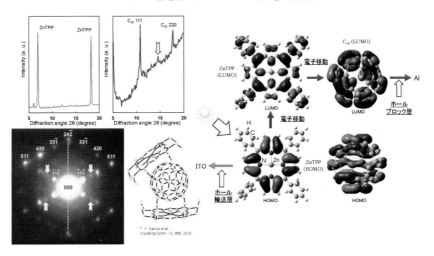

★ ZnTPP/C_{60}系太陽電池のX線回折、電子回折と電荷移動

ダイヤモンド：C$_{60}$太陽電池

炭素原子は、恒星におけるHe原子核融合により生成され、宇宙全体に多数存在している。光合成などの生命活動や人工光合成においても、二酸化炭素CO_2や$C_6H_{12}O_6$など非常に重要な役割を果たしている。炭素原子は配列の仕方により、グラファイト、フラーレン、ダイヤモンド、カーボンナノチューブなど様々な同素体構造を有し、電気的性質も金属－半導体－絶縁体と大きく変化し、炭素のみで形成するオールカーボンエレクトロニクスまで提案されている。ここでは豊富な資源である炭素のみを使用し、ダイヤモンドをp型半導体、C$_{60}$をn型半導体として有機・無機ハイブリッド太陽電池形成・評価を試みた。特にナノ粒子は、量子ドットとしての機能発現により、太陽電池効率の向上に寄与することが期待される。

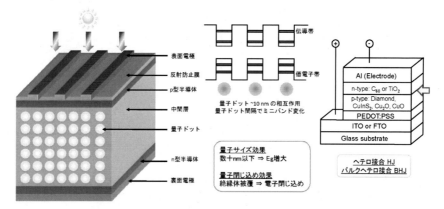

★ 量子ドット型太陽電池と様々な炭素系・酸化物系太陽電池の構造

　ITO基板を洗浄後、PEDOT:PSSを成膜し、光吸収層としてDiamond:C$_{60}$溶液をスピンコートで成膜後に熱処理し、バルクヘテロ接合半導体層を形成した。その後Alを成膜し、図に示す太陽電池構造を作製した。合わせて様々な炭素系・酸化物系太陽電池の構造も示した。

　光吸収スペクトルから得られた光吸収エネルギーは、最も大きいピークで2.5 eVである。作製したバルクヘテロ接合型太陽電池のダイヤモンド粒子のX線回折測定の結果を次図(a)に示す。3つのピークは、ダイヤモンド構造の111、220、311に対応し、半値幅よりダイヤモンドの粒径は約12 nmである。作製したバルクヘテロ接合層のTEM像と一部の拡大図を図(b)、(c)に示す。数nm程度のナノ分散粒子が観察される。また図(d)に示す電子回折パターンでは、C$_{60}$の111、220、311反射が観察される。第

一原理分子軌道計算により得られたC_{70}ダイヤモンドクラスターの最高占有分子軌道（HOMO）を図(e)に、C_{60}の最低非占有分子軌道（LUMO）図(f)に示す。これらの計算と光吸収の実験結果をもとしたエネルギーレベル図(b)に示す。Diamond:C_{60}ナノコンポジット層において励起子の生成と分離が生じ、光起電力が発生すると考えられる。さらに粒径の小さいナノダイヤモンド粒子をp型半導体層中に分散させることにより、太陽電池効率を向上可能であることが報告されている。また他にもCVD法によるアモルファスカーボン太陽電池が報告されている。

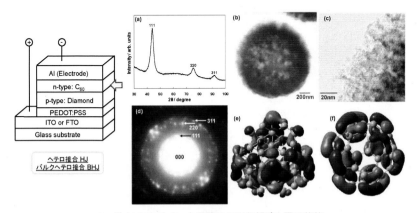

★ ダイヤモンド：C_{60}太陽電池の微細構造と電子状態

ダイヤモンドナノ粒子太陽電池

有機薄膜太陽電池では、p型半導体として顔料などに使用されているフタロシアニンが用いられている。ここでは、p型半導体として水溶性で、最大光吸収波長（λ = 680 nm）が長いCoPc及び水溶性CuPc、n型半導体として高いキャリア移動度を持つC_{60}及び水溶性$C_{60}OH_{10-12}$用いた有機薄膜バルクヘテロ型太陽電池を作製し、その電気特性の測定を行い、エネルギー変換効率を求める。さらに、p型有機層にナノダイヤモンド分散粒子を添加した場合の効果について調査する。また、透過型電子顕微鏡(TEM)による微細構造の解析、有機層のXRD測定、作製した太陽電池のバンド構造及び光電荷分離・結合やキャリア移動メカニズムの関係を明らかにすることによって、太陽電池の設計指針を考察する。

ナノダイヤモンドを添加することで、スピンコート法の場合、J_{SC}が1.5倍に増加し、スピンコート法と真空蒸着法を組み合わせた場合、J_{SC}が1.2倍に増加し、ηはそれぞれ1.4倍、1.6倍上昇した。また図(a)、(b)に示すように、ナノダイヤモンド

203

（ND）を添加することにより、矢印で示すように光吸収が増加する。図(c)、(d)に示すXRD測定の結果より、ナノダイヤモンドを添加した有機層では43°付近にダイヤモンドの111ピークが現れた。シェラーの式を用いてナノダイヤモンドの粒径を計算したところ、4.5 nmであることがわかった。また、C_{60}、CoPcのピークについては観測できず、アモルファス構造であると考えられる。

TEM 図(a)より、C_{60} の(111)の格子面を確認することができた。図(b)の電子回折パターンより、スポットとリングが確認でき、ナノ結晶構造である。p 型有機層（CoPc + ナノダイヤモンド）の TEM 図(c)より、CoPc とナノダイヤモンドが混合しており、HREM 像より、ダイヤモンドの(111)の格子面を確認できた。XRD 測定より、CoPcはアモルファスで存在していると考えられ、Coはこの物質中では原子番号が大きいので、黒く写る可能性が高いと考えられる。図(d)の電子回折パターンより、ナノダイヤモンドの電子回折パターンリングが見られ微結晶構造であることがわかり、CoPc はリングが見られないことからアモルファス状態であると考えられる。図(e)と(f)は、水溶性フラーレンと CuPc のバルクヘテロ構造の TEM 像と電子回折パターンであり、ナノダイヤモンド（ND）が分散している様子がわかる。

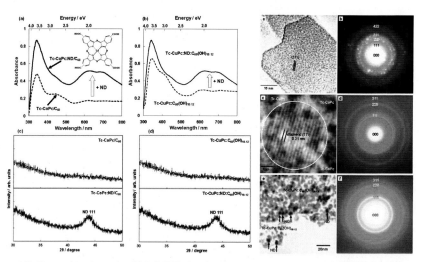

★ ダイヤモンドナノクラスター導入太陽電池の光吸収スペクトル、X 線回折、TEM 像と電子回折

ナノダイヤモンドを添加した太陽電池とナノダイヤモンドを添加していない太陽電池を比較すると、ナノダイヤモンドを添加した太陽電池は短絡電流密度が上昇した。またの光吸収特性より、ナノダイヤモンドを添加した太陽電池は 600 nm から 800 nm の長波長領域で吸光度が上昇した。本来、ダイヤモンドのバンドギャップは

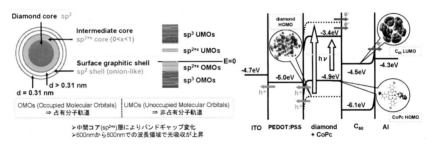

★ ナノダイヤモンド内部の三重構造とナノダイヤモンド：C_{60}太陽電池のエネルギーレベル図

5.5 eV であり、結晶内部の電子移動度は極めて低いとされているが、ナノダイヤモンド分散粒子では Barnard 理論より、ナノダイヤモンド結晶内部で自発分極が起こるといわれている。自発分極の要因として、図に示すように、表面が sp^2 混成軌道のグラファイトコアで覆われ、ダイヤモンドコアとグラファイトコアの間に中間コアが存在する三重構造をとっていると考えられている。図の三重構造をとると仮定すると、さまざまなバンドギャップに変化し広い範囲の光を吸収できるようになる。以上より、長波長領域での光吸収が上昇し、短絡電流密度も上昇したと考えられる。また、XRD 測定より、27°付近にピークらしきものが確認され、面間隔 d は 3.26 Å であった。XRD 計算結果の d の値は 3.1 Å であり、グラファイトの d の値は 3.38 Å であることから、図に示す三重構造をとっていると考えられる。

右図におけるキャリア移動機構は、まず ITO 側から光が入射すると、pn 接合界面で光吸収による励起が起こり、電荷分離によって電子とホールが生じる。電子は C_{60} を通って Al 電極へ、ホールは PEDOT:PSS を通って ITO 側へ流れていく。通常、金属－半導体界面ではピンニング現象が起こり、界面の微細構造やキャリア濃度で抵抗が変化する。バリア厚さが薄いとトンネル効果により伝導する。この抵抗を熱処理でうまく減少させる必要がある。また、一般にキャリア移動にはバンド伝導とホッピング伝導の 2 種類がある。無機半導体の結晶などの原子・分子が周期的に配列した系において、キャリアが結晶格子の特定方向に流れることをバンド伝導という。一方、構造の乱れた非晶質構造、特に有機分子においては、原子・分子が周期的に配列していないため、キャリアが個々の分子間を飛び跳ねるように伝わっていくことをホッピング伝導という。有機薄膜の場合、無機半導体などの場合と比べて、電子、ホールともに観測される移動度が小さく、結晶の乱れによりトラップされキャリアが再結合するし損失が大きい。今回作製した太陽電池は外部電界を駆動して電子が準位間をホッピングして移動するホッピング伝導をしていると考えられ、短絡電流密度が低い値を示したと考えられる。

Geナノ粒子太陽電池

フタロシアニンやポルフィリンなどの p 型有機半導体と、電子受容性に優れたサッカーボール型分子である C_{60} を、ジクロロベンゼンに溶媒混合し、安価なスピンコート法によってバルクヘテロ接合型有機太陽電池を作製し、さらに簡易な方法で Ge 系有機分子をナノ粒子・量子ドットとして導入し評価した。

洗浄処理を行った導電性基板（ITO）上に、電子ブロック層である PEDOT:PSS 溶液を N_2 雰囲気下でスピンコートし、p 型有機半導体である CuPc もしくは ZnTPP、n 型半導体である C_{60}、さらに $GeBr_4$ 溶液が溶解した o-ジクロロベンゼン溶液をスピンコートにて薄膜を作製し、100℃、30 分間熱処理を行った。電極として Al を真空蒸着し、140℃で 20 分間熱処理を行い、太陽電池特性を評価した。

p 型半導体と n 型半導体が混合したバルクヘテロ接合型構造の太陽電池で、pn 接合界面の接触面積を増加している。さらに有機半導体層中に、Ge 系有機溶液をベースにしたナノ粒子を導入することで、エネルギーレベルを制御し光吸収率を増加させ、光電変換効率を向上させた。図の DOT-PSS、ITO にホール移動し、同時に生成した電子は C_{60}、Al 電極に移動し、光起電力を発生する。Ge 基ナノ粒子が量子ドット状に分散し、光吸収率が増加し光電変換効率増加が可能になった。

従来の太陽電池と比較し、pn 型有機半導体層を混合した溶媒をスピンコート法によって容易に製造することができ、低コストかつ軽量な有機太陽電池を作製することができる。有機半導体の電子構造に基づき容易にシステム設計を行うことができ、ナノ粒子を導入することにより光電変換効率を向上することができる。

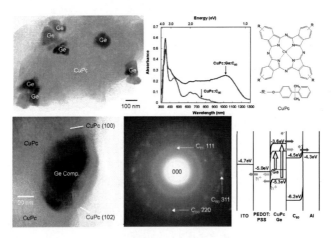

★ Ge 系ナノ粒子 CuPc:C_{60} 太陽電池の構造・光吸収スペクトル・エネルギーレベル図

固体型色素増感太陽電池

　TiO_2をベースとした色素増感太陽電池（DSSC）は従来のSi系太陽電池より環境にやさしく、作製コストがSi系太陽電池と比較すると1/10以下であることから、研究・開発が活発に行われている。しかしDSSCの長期作動において、電解質の液もれや蒸発による耐久性の低さが問題になっている。電解質の劣化を改善するために電解質のゲル化による固体化やホール輸送剤を用いた固体型DSSCの作製例とその性能が数多く報告されている。ここでは、安価な有機色素であるキシレノールオレンジ（XO）やローズベンガル（RB）を組み合わせ、吸収特性を向上させた擬固体型DSSCを作製し、光起電力特性を明らかにし、光電変換効率の向上を目指した。さらに電子収集を強化するために、アモルファスTiO_2を導入した太陽電池も作製し特性を明らかにした。TiO_2電極はFTO基板上にTiO_2ペーストを塗布し、450℃で30分熱処理して作製した。

　処理したFTO基板を、色素を含有した有機溶媒中に12時間浸漬させた。色素を浸漬する前にTi系溶液をTiO_2電極に塗布しアモルファスTiO_2を積層した。対極はITO基板上にカーボンペーストを塗布・熱処理し作製した。電解質はLiIとI_2をベースとしたポリアクリロニトリルを加えることでゲル化させた。ゲル電解質を二つの電極間に挟み、封止し色素増感太陽電池を作製した。電流－電圧特性はソーラーシミュレータ（AM1.5, 100 mW cm^{-2}）とポテンショガルバノスタットで測定し光電変換効率を算出した。光吸収スペクトルは紫外可視吸収分光計により、微細構造は透過型電子顕微鏡（TEM）、X線回折を用いて調べた。

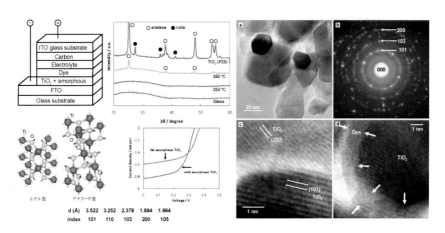

★ 色素増感太陽電池の構造と電気特性 TiO_2ナノ粒子・色素界面の TEM 像と電子回折パターン

XO、RB単独系DSSCと二つの色素を組み合わせた混合色素固体型DSSCを作製したところ、混合型DSSCは、単独色素系に比べ、短絡電流、開放電圧はともに増加し、光電変換効率が大きくなった。DSSCの吸収スペクトルにより、極大吸収がXOは430 nm、RBは560 nmであり、混合色素で作製したDSSCの吸収波長領域は、単独系のものと比べて拡がった。吸収波長が異なる色素を混合することで、吸収光波長領域が拡大し光電変換効率が上昇したと考えられる。TiO₂系DSSCの熱処理による構造変化のX線回折パターンを図に示す。アナターゼ相と一部ルチル相の形成がみられる。

TiO₂層のTEM像と電子回折パターンを図(a)と(b)にそれぞれ示す。数10 nmのTiO₂結晶粒子が見られ、電子回折中にはアナターゼ構造によるデバイシェラーリングが観察される。TiO₂粒子表面、界面の高分解能像を図(c)及び(d)にそれぞれ示す。TiO₂界面には(200)、(101)格子面が観察され、TiO₂表面には色素が被覆している様子も観察される。

さらなる光電変換効率向上のために、アモルファスTiO₂を導入した太陽電池の作製を行った。アモルファスTiO₂膜を導入することにより、DSSCの電流密度が向上した。これは、アモルファスTiO₂が伝導帯と価電子帯付近にトラップ準位を持つため、色素で電荷分離した電子を受け取りやすくなったためであると考えられる。図にアモルファスTiO₂導入DSSCについて微細構造とエネルギーレベル図を示す。キャリア移動機構として、FTO側から光が照射されそのエネルギーを有機色素が吸収し、励起された電子はTiO₂に移動し、ホールはITO側に移動する。エネルギーの吸収により酸化された色素は、ヨウ素イオンによって還元され、再び光を吸収できる状態に戻る。

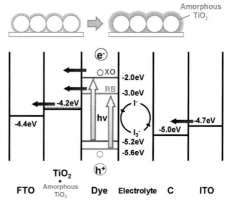

太陽電池の表面構造とエネルギーレベル図

銅酸化物系太陽電池

酸化物半導体も、現在のSi系太陽電池に代わる低コストの次世代太陽電池材料の一候補である。ここでは、太陽光スペクトルに近く太陽電池に適したエネルギーギャップ（E_g）をもつCuO及びCu₂O（E_g = 1.5 eV、2.0 eV）を選択した。これら銅酸化物半導体は、直接遷移型のバンド構造を有し、光吸収係数が大きく効率的に太陽光を

吸収できるという利点がある。また銅酸化物は、液体原料から電析法により簡易な作製プロセスで、p型、n型を制御した大面積での半導体薄膜を形成できる。

導電性ガラス基板上に、電析条件として電圧を-0.25～+0.70 V、電荷量を1.6~2.2 Ccm^{-2}と変化させながらCu$_2$O、CuOを成膜した。電析液はCuSO$_4$とL-lactic acidを蒸留水中に溶解させ、NaOHを用いてpHを調整し作製した。CuO$_x$薄膜を形成後、C$_{60}$、Alを成膜し太陽電池を作製した。Cu$_2$O/C$_{60}$太陽電池、CuO/C$_{60}$太陽電池のX線回折パターン、光吸収特性を図に示す。X線回折及び電子顕微鏡観察よりどちらも結晶粒径は約40 nmであり、Cu$_2$Oとして立方晶構造(空間群Pn3m、a = 0.4250 nm)、CuOとして単斜晶構造(空間群C2/C、a = 0.4653 nm、b = 0.3410 nm、c = 0.5018 nm、β = 99.48°)の格子定数が確認された。Cu$_2$O/C$_{60}$太陽電池の変換効率がCuO太陽電池よりも高いのは、高い結晶性をもつCu$_2$Oにおける電荷移動がスムーズに生じ短絡電流密度が増加したためと考えられる。

銅酸化物膜析出メカニズムは以下のようになる。CuSO$_4$をL-lactic acidに混ぜ、蒸留水に溶解させたときにCu^{2+}イオンはCu(CH$_3$CHOHCOO)$_2$として存在する。この作製した電解液を塩基性にすることで銅酸化物が析出する。Cu$_2$O析出の式は、2Cu^{2+} + 2e$^-$ + 2OH$^-$ → Cu$_2$O↓ +H$_2$O のようになる。還元電圧を印加することでCu$_2$O、酸化電圧を印加することでCuOが析出し、電荷量により堆積量が増加するため、目的に応じて膜構造、膜厚、導電性の制御が可能である。

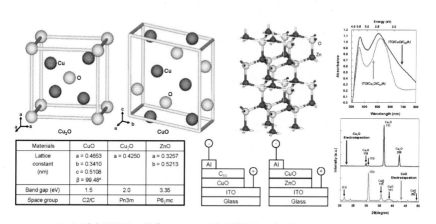

CuO$_x$系太陽電池の構造、CuO$_x$/C$_{60}$系太陽電池の光吸収スペクトルとX線回折

図に、Cu$_2$O/C$_{60}$ヘテロ接合太陽電池のバンド構造を示す。エネルギーレベルとして既に報告されている値も用いている。ITO側から光が入射し、Cu$_2$O、CuOで光吸収により励起子が生成し、pn接合界面で電子とホールに電荷分離する。電子はC$_{60}$から

Alへと移動し、ホールはITOへ移動し回路を流れてきた電子と再結合し電流が発生する。一般的に金属／半導体界面にはエネルギー障壁があるため電子が移動しにくいが、キャリア濃度が高くなりエネルギー障壁が薄くなれば、トンネル効果でオーミック接合を形成し電子が移動できる。またエネルギー障壁の高さは、エネルギーギャップや金属の仕事関数、界面の微細構造等で変化する。

また電析法以外にも、CuO膜の前駆溶液をスピンコート法でCu薄膜形成後に酸化する方法や、Cu_2Oナノ粒子とn型半導体であるC_{60}を混合分散させた溶液を用いてスピンコート法によりバルクヘテロ接合太陽電池を形成した結果が報告されている。C_{60}の代わりに、電析法によりZnOをn型半導体として太陽電池を作製、評価する試みも行われている。

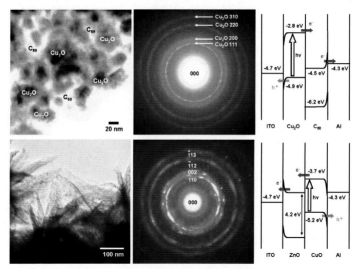

★ $Cu_2O:C_{60}$バルクヘテロ接合太陽電池及びCuOナノワイヤのTEM像と電子回折
Cu_2O/C_{60}及びZnO/CuO太陽電池のエネルギーレベル図

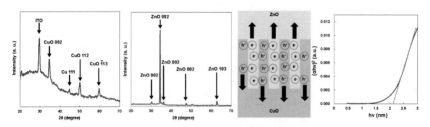

★ CuOとZnOのX線回折及びCuOの透過率とタウツプロット

CuInS$_2$/C$_{60}$・TiO$_2$系太陽電池

現在太陽電池の主流であるSiは、間接遷移型のバンド構造をもつため本質的に効率が低下する。太陽電池の光電変換効率を向上させるためには、直接遷移型半導体を使用することが有効である。ここでは、Siと比較して光吸収率や耐放射線性も高く、太陽電池に適したバンドギャップ（E_g = 1.5 eV）を有するカルコパイライト型CuInS$_2$（CIS）化合物をp型半導体として選択し、n型半導体としてTiO$_2$及びC$_{60}$を用いて太陽電池を作成し評価した。

FTO基板はアセトン、メタノールにて超音波洗浄後、UV照射を行った。スピンコート法によりCu-In膜及びS膜の順に成膜後、30分間熱処理を行い硫化し、TiO$_2$ペーストを塗布し温度450℃で30分間熱処理しCIS/TiO$_2$半導体層を得た。同様にp型半導体のCuInS$_2$溶液及びn型半導体溶液C$_{60}$を混合し、スピンコート法を用いてバルクヘテロ接合CIS:C$_{60}$半導体層を形成した。その後Alを成膜し太陽電池形成し評価した。

CIS/TiO$_2$太陽電池のX線回折測定の結果、CIS化合物、TiO$_2$結晶が確認され、CIS結晶サイズは13.1 nmであった。SEM-EDXによる元素分析では、Cu(28.0%)、In(26.0%)、S(46.0%)であった。光吸収スペクトルは可視光領域に広く吸収をもつことが確認され、CIS/TiO$_2$膜は太陽電池として有効に働くと考えられた。図(a)及び(b)はそれぞれ、CIS/TiO$_2$薄膜のTEM像と電子回折パターンである。CIS及びTiO$_2$結晶がデバイシェラーリング及び回折反射より確認できる。またCIS及びTiO$_2$領域の拡大図を図(c)及(d)に示す。TiO$_2$(101)及びCIS(112)の格子像が観察される。

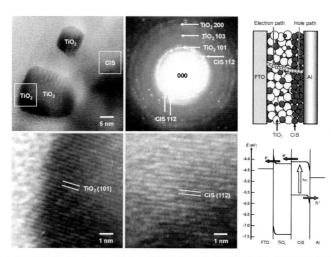

★ CuInS$_2$:TiO$_2$系バルクヘテロ接合太陽電池のTEM像、電子回折、界面構造とバンド図

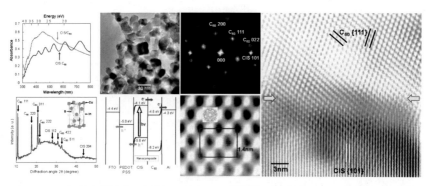

★ CuInS$_2$/C$_{60}$系太陽電池の光吸収スペクトル、X線回折、バンド図、フーリエ変換とHREM像

CIS:C$_{60}$太陽電池においても、幅広い領域で光吸収が観察された。バルクヘテロ構造とヘテロ構造では、異なる光吸収特性を示す。図にCIS:C$_{60}$膜のX線回折パターンを示す。C$_{60}$反射の強いピークに加えて、CIS結晶のピークが観察される。

図にCIS:C$_{60}$の高分解能像をフーリエ変換してノイズを除去したものを示す。基本格子反射による回折スポットが観測できる。逆フーリエ変換した像には、CISの{101}とC$_{60}$の{111}が確認でき界面を矢印で示す。図一部の拡大図には、C$_{60}$が配列している様子が観察できる。

ポリシラン系太陽電池

薄膜アモルファスSi太陽電池は、結晶Si太陽電池に比べ簡易なプラズマCVD法やスパッタ法などで形成できコスト削減可能である。ここではさらに簡易な製造プロセスとしてケイ素(Si)を主鎖に持つポリマーであるポリシランからSi系薄膜を形成する方法に着目した。ポリシランは、シラン結合を主骨格に持ち高Si含量・高屈折率などの特長を持つ材料の総称である。ポリシランはSiに沿って非局在化したσ共役電子を持ち、Si-Si主鎖よる紫外吸収及び発光性を示す。また、高いホール移動度を示し導電性材料としても期待されている。このポリシランの特性を生かした用途として、LEDモジュール用材料や太陽電池材料など半導体素子への利用が検討されている。光や電場などで容易に電子励起される有機半導体で、有機薄膜また熱処理を行うことで、ポリシランの結合鎖が切れ冷却時にSi原子同士が結合し、アモルファスSiを形成することが報告されている。

ここでは、図(a)に示すようなポリシランである deca-phenyl-penta-silane (PDPS)、poly-methyl-phenyl-silane (PMPS)、dimethyl-polysilane (DMPS)にホウ素(B)やリン(P)を

ドープした溶液をスピンコートしアモルファス Si を形成することで p 型、n 型半導体薄膜を作製し、また C_{60}、PCBM、P3HT などと組み合わせながら、図(a)に示すようなバルクヘテロ接合、ヘテロ接合等の逆型光起電力素子を形成し、Si 系太陽電池としての特性評価を行った。いずれのポリシランもドーピングもしくはヘテロ構造、バルクヘテロ構造の形成により光起電力特性を示し、ポリシラン薄膜が n 型半導体として機能していることを強く示唆する結果を得た。

図(b)、(c)、(d)は DMPS:C_{60}、PDPS:PCBM、PDPS(P)、PDPS(B)の X 線回折パターンである。DMPS:C_{60}、PDPS:PCBM においては、C_{60}、PCBM に加えて PDPS のシャープな回折ピーク及び DMPS のブロードなピークが観察される。これは PDPS が結晶性構造を持ち、DMPS はナノ結晶構造を持つことを示している。また PDPS では 250℃で熱処理を行った試料より、300℃で熱処理を行った方がピークの減少が見られ、P や B をドーピングすることでさらにアモルファス化する。類似した構造のポリシランでも薄膜での結晶性が異なることから、分子構造と結晶性の関係が強いことが示唆される。P 添加前後での PMPS 薄膜の顕微ラマン散乱測定結果を図 5(e)に示す。分子構造に基づく計算結果から、668、1012、1644、2228 cm^{-1} のピークはフェニル基の振動、3044、3116、3196 cm^{-1} のピークはメチル基の振動に対応している。PMPS に P をドープし 300℃で熱処理することで，メチル基のピークが消失し、フェニル基もブロードなピークを残してほぼ消失していることから、メチル基及びフェニル基もほぼ脱離していると考えられる。

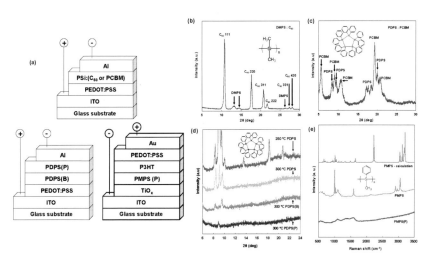

★ (a)ポリシラン系太陽電池のデバイス構造、(b)DMPS:C_{60}、(b)PDPS:PCBM、(d)PDPS(P)、PDPS(B)のX線回折パターン、(e)PMPS(P)のラマン散乱スペクトル

第12章　太陽電池材料の微細構造

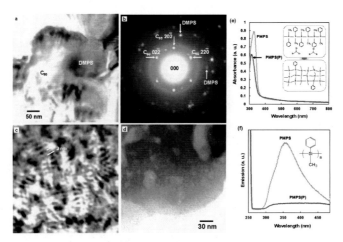

★ DMPS:C$_{60}$バルクヘテロ構造の(a)TEM像、(b)電子回折パターン。(c)PDPS:PCBM、(d)PMPS(P)のTEM像。PMPS及びPMPS(P)の (e)光吸収特性及び、(f)蛍光特性

　図(a)、(b)は、DMPS:C$_{60}$のバルクヘテロ構造の TEM 像及び電子回折パターンである。C$_{60}$ナノ結晶マトリックス内に DMPS が導入されナノスケールでバルクヘテロ接合されていることが確認された。さらに図(c)の PDPS:PCBM の高分解能像に示すように 3 nm の面間隔を有するナノ構造の存在が確認され、PDPS と PCBM がナノレベルで混合してコンポジット構造を形成していることを示唆している。これは PCBM が溶媒に高い溶解性を示すため、互いに混合しているためであると考えられる。一方 PDPS:C$_{60}$ では TEM 像の結果から、C$_{60}$が結晶として分離しナノ混合構造が確認されなかった。これは C$_{60}$ が溶媒に対し高い溶解性を持っていないため、ナノバルクヘテロ構造が形成しなかったためと考えられる。また図(d)に示すように、PMPS に P をドーピングするとアモルファス構造が確認され、図(e)(f)には示す PMPS(P)の光吸収特性及び蛍光特性からポリシラン構造へのドーピングにより電荷移動を示唆する結果を得た。以上の結果から図(e)内の反応模式図に示す反応が生じていると考えられる。ポリシランの熱処理を 250℃と 300℃で行った時の光吸収測定の結果では、300℃で熱処理した試料で 300 nm から 1800 nm まで幅広い光吸収を示し、短絡電流密度が増加し変換効率が向上した。

　熱処理時に結合鎖が切れ、冷却時に Si 間の結合が増加しアモルファス構造を形成し、キャリア移動が行われ短絡電流密度が上昇したと考えられる。ポリシラン薄膜がドーピングにより光起電力素子の活性層部位として機能することを実証することができ、分子構造の変化が示唆された。今後、薄膜中の膜厚・構造を制御することで光起電力素子への更なる応用が期待される。

球状Si太陽電池

　現在、一般的な太陽電池材料にはシリコンSiが使われている。Siは単結晶、多結晶、アモルファスSi型のコストダウンが必要不可欠である。太陽電池において作製に必要なSiを可能な限り節約することで、従来よりも低コストで作製可能なSi系太陽電池の研究開発が行われている。球状Si太陽電池は、Si滴下法や粉末法で作製されることから切削・研磨等の工程が少なく、生産プロセスも簡易である。また反射板に設置して集光構造にしてSi原材料をセーブし低製造コストのメリットがある。

　現時点では、球状Si型太陽電池の変換効率には改善の余地があるため、TEM、X線回折法により球状Si及び反射防止膜の微細構造解析を行い、球状Siの結晶性を調べる。球状Siの中心部分と表面における不純物、欠陥等を調査する。Si球表面にSnO$_2$:F反射防止膜を製膜した球状Siを650℃で熱処理することで、太陽電池の変換効率を向上させることができる。

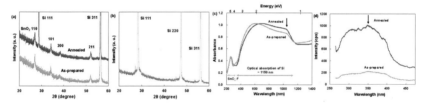

★ 球状 Si 太陽電池の(a)表面、(b)中心部の X 線回折パターン、(c)光吸収特性、(d)蛍光特性

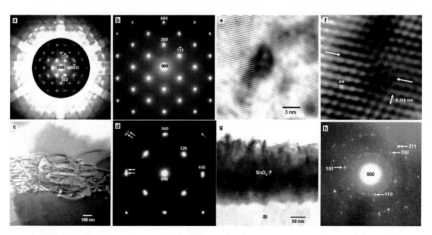

★ 太陽電池 Si 球の(a)[111]、(b)[011]入射電子回折パターン、(c)[233]入射 TEM 像、(d)[001]入射電子回折パターン。(e)Si 球中心部の高分解能像、(f)(e)の拡大図。球状 Si と反射防止膜 SnO$_2$:F の界面の(g)TEM 像、(h)電子回折

215

第12章　太陽電池材料の微細構造

　光は異なる物質の界面において入射角に応じ反射波が発生する。そのため光学レンズ等の表面に1/4波長の薄膜を形成することにより、薄膜の表面で反射する光と裏面で反射する光の位相が1/2波長だけずれが生じる。このことから互いの波を打ち消しあうことにより光学的に表面反射率を低く抑える反射防止膜を形成している。

　上図(a) は、熱処理前後での球状SiのX線回折の測定結果である。図中の数字はSnO_2の面指数に対応する回折ピークを表す。熱処理後に回折ピークは高角度側にシフトしている。図(b)はSi球中心部のX線回折パターンであり、ここではSi回折ピークを観察するため粉末状にしている。光吸収の測定結果を図(c)に示す。Siが吸収する光は300~1150 nmの範囲に対応する。熱処理前後でSnO_2:Fの屈折率は1.8から1.9に変化しておりそのため反射低減効果が変化し、光吸収も変化したと考えられる。SnO_2の光吸収部では、熱処理後にピークが長波長側に少しシフトしており、微細構造が変化したためと考えられる。図(d)に250 nmの光で励起させた球状Siの250〜500 nmでの蛍光測定の結果を示す。SnO_2のエネルギーギャップが3.9 eVであることから、蛍光は320 nmの位置に観測される。またSiはこの測定条件では蛍光を示さないが、球状Si中にあるSi以外の不純物による蛍光も含まれている。熱処理後に蛍光が増大したことから、結晶性の向上が考えられる。

　図(a)、(b)には、太陽電池Si球の[111]、[011]入射電子回折パターンを示す。図(a)には菊池線が観察されSiの高い単結晶性を示している。図(b)には200禁制反射が見られる。図(c)、(d)には[233]入射TEM像及び[001]入射電子回折パターンを示す。図(c)にはSiの転位網と考えられる領域が観察され、図(d)には矢印位置の回折反射の分裂が観察され、双晶構造等の形成が示唆される。図(e)はSi球中心部のフーリエノイズフィルタリング後の高分解能像であり、(f)がその拡大図である。黒い点がSi原子位置であり矢印で示す部分に転位が観察される。この球状Siは粉末溶融法により作製されており、熱処理によりSi球中心部にこのような欠陥構造・不純物を集中させ、Si球表面の結晶性を向上させている。図(g)、(h)は反射防止膜であるFドープSnO_x (FTO)と球状Siの界面のTEM像及び電子回折パターンである。50 nm程度のSnO_x:F ナノ粒子が観察され、電子回折パターンにはSnO_2の回折反射とデバイシェラーリングが見られSnO_2は微結晶状態であることを示し、これはX線回折の結果とも一致する。

　純粋なSnO_2の結晶は電気のキャリアが存在せず電流を流さない。SnO_2:Fのキャリアとなるのは、SnO_2格子内で酸素原子サイトの酸素空孔と、酸素と置換したフッ素である。これらは電気のキャリアとなる過剰電子を形成し抵抗率を減少させる。ここでは650℃での熱処理中の酸素空孔の状態や界面構造反応を考察するために熱力学計算を行った。図(a)-(c)は、SnO_2及びF、SnO_2、SiO_2及び電極金属、Si及び電極金属におけるギブスエネルギー変化を計算した結果をまとめたものである。反応後のギ

ブスエネルギー変化が負であることから、熱処理後によってSnO₂は酸化され酸素空孔の減少が考えられ、酸素がフッ素に置換されていくことも予想される。

酸素空孔はSnO₂中の酸素欠損であり、電気のキャリアとなる過剰電子を発生させるが、結晶中の欠陥であるためキャリアの移動度は減少する。酸化によって酸素空孔が減少すれば格子定数は増加する。しかし、X線回折の測定結果から熱処理後の格子定数は減少しているため、図(d)のような格子間原子Fの減少が考えられる。格子間原子は電流の散乱を起こすため電気抵抗値を増大させ、また光の吸収、散乱を起こすため透過率を減少させる。格子間原子の減少によって電気抵抗が減少し、また透過率が増大したことでSiに吸収する光が増大し、熱処理後の太陽電池の変換効率が向上したと考えられる。今後のさらなる高品質化が期待される。

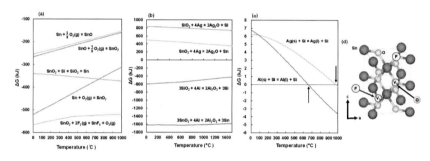

★ (a)SnO₂及びF、(b)SnO₂、SiO₂及び電極金属、(c)Si及び電極金属におけるギブスエネルギー変化、(d)SnO₂構造中における原子拡散モデル

元素ドープペロブスカイト太陽電池

ペロブスカイトは次図に示したようなCH₃NH₃PbI₃の基本的結晶構造をもつ。

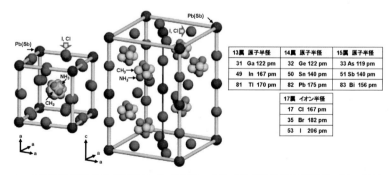

★ 立方晶及び正方晶ペロブスカイトの構造へのドーピングと各元素の原子・イオン半径

第12章 太陽電池材料の微細構造

14族元素であるPb原子位置に、13族元素や15族元素、17元素ハロゲンであるIの位置にClやBrをドープすることにより、キャリア濃度が増加し、またキャリア拡散長が長くなり、電荷輸送効率の向上が期待される。ここではペロブスカイト系太陽電池を作製し、熱処理や元素ドーピングの影響について検討を行った結果を示す。特に結晶構造や光起電力特性に与える効果を評価した。ペロブスカイト系太陽電池の製膜プロセスを図に示す。またペロブスカイト太陽電池の典型的な光学顕微鏡写真を下図に示す。

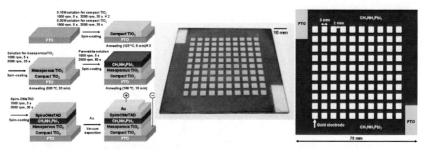

★ ペロブスカイト系太陽電池の製膜プロセス

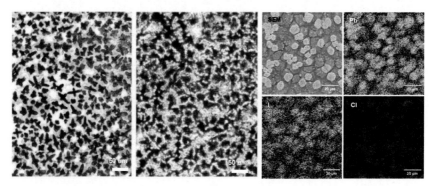

★ ペロブスカイト系太陽電池の光学顕微鏡写真、SEM像とEDSによる元素マッピング

FTO透明電極に緻密TiO$_2$前駆体溶液をスピンコートし500℃、30 min熱処理した後、多孔質TiO$_2$前駆体溶液をスピンコートし、500℃、30 min熱処理を行った。次にペロブスカイト前駆体溶液をスピンコートし、熱処理を100℃で15 min行った。ホール輸送層としてSpiro-OMeTADをスピンコートし、電極としてAuを真空蒸着した。ここではCH$_3$NH$_3$PbIにPbCl$_3$やSbI$_3$を少量添加し、その効果を評価した。

PbCl$_2$を添加していない系と比較するとPbCl$_2$を添加した系ではJ_{SC}が18.6 mA cm^{-2}、V_{OC}が0.869 V、FFが0.504、発電効率が8.16 %にそれぞれ向上した。光吸収特性、外

部量子効率においてもPbCl₂を添加した系で300~800 nm領域で吸光度や効率の向上がみられた。光起電力特性が向上した原因を調べるためSEM/EDXとXRDを用いて結晶構造や表面形態を調べた。元素分析の測定結果から、PbCl₂を添加した系ではペロブスカイト層にClが存在していることを確認できた。またXRD測定結果において、PbCl₂を添加することによってペロブスカイト結晶の格子定数が6.231 Åから6.228 Åに減少し、Clがペロブスカイト構造のI原子位置にドープされたことが示唆された。

光起電力特性が向上した原因としては、ペロブスカイトにClをドーピングしたことによりバンドギャップが変化したためV_{OC}が向上したことと、添加した塩化物は結晶の核生成と成長過程でヨウ化物結晶の結晶性を高める役割を担っていると考えられ、この効果が電荷拡散距離を高め、J_{SC}の向上につながったと考えられる。

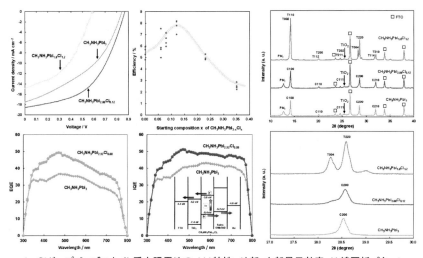

★ Clドープペロブスカイト系太陽電池のJ-V特性、外部・内部量子効率、X線回折パターン

Pbの代替元素としてPbより価数が1多い15族元素Sbを使用したペロブスカイト系太陽電池を作製し、その性能向上を目指し特性評価を行った。次図に示すJ-V特性からSbをPb原子位置に3%ドープすると光起電力特性が向上する。X線回折パターンの結果からSbドーピング量を増やしていくにつれ、$2\theta = 12～13°$付近に見られるヨウ化鉛（PbI₂）のピークが減少していくことが確認できた。通常ペロブスカイト層を100℃で熱処理する過程で、一部のヨウ化鉛がペロブスカイト構造から分離するという結果もあり、今回のようにSbをドープすることによりヨウ化鉛が残りにくくなっていることから、SbをドープすることでPbI_2生成が抑制されペロブスカイト結晶がより多く形成でき、FFの増加に寄与して変換効率が上昇したと考えられる。

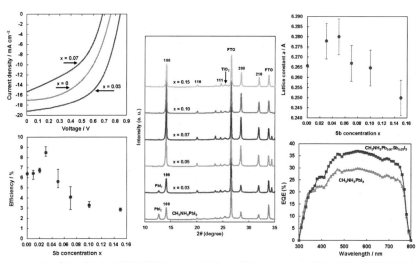

★ SbドープペロブスカイトE太陽電池のJ-V特性、X線回折パターン、格子定数、外部量子効率

　Sbドープ量を変化させたときの、14°付近の100反射からも求めた格子定数の変化を図に示す。Sbドープ量をx = 0.05まで増やしていくと格子定数は上昇していくが、それ以上加えていくと減少していく。これはSbドープ量が x = 0.05までは、PbI_2の脱離の抑制によって格子定数は増加するが、それ以上の添加ではSbの原子半径がPbよりも小さいため格子定数が減少していくものと考えられる。Sbドープした系の外部量子効率の結果も図に示す。Sbドーピングにより、350～750 nmの波長範囲で効率が増大する。これよりもSbドーピングで J_{SC} が増加することがわかる。Sbドープで J_{SC} が増加する原因は、PbよりもSbの価数が1多いためキャリア濃度が増加したことが考えられる。また外部量子効率の範囲からペロブスカイト層のバンドギャップの幅には影響せず、キャリア濃度にのみよい影響を与えたことが確認された。

　ペロブスカイト結晶へ13属元素のTlおよびIn、14族元素のSnおよびGe、また15属元素のBiおよびAsをドープした場合は変換効率が低下した。ドープする元素の原子半径と、ドーパント元素を含む試薬の可溶性制御が必要になってくると思われる。Pbよりも価数が1多いAsドープでは、J_{SC}の向上が確認され、これはキャリア濃度が増加したためと思われる。TlをPb原子位置に5%ドープした系では、通常のペロブスカイト結晶が吸収できない300～810 nmの波長の光も吸収することが外部量子効率の結果から示された。Tlをドープすることでペロブスカイトのバンドギャップ幅が若干狭くなり長波長側までキャリア生成が確認されたものと考えられる。今後のさらなる研究の進展が期待される。

第12章　太陽電池材料の微細構造

> ### コラム　　　アインシュタインの人生観－人生
>
> ★ なぜ人は仕事というものを、ひどく深刻に考えるのか不思議である。人はすぐに死んでしまうのに。
>
> ★ この世界を、個人的な願望を実現する場とせず、感嘆し、求め、観察する自由な存在としてそこに向かい合うとき、我々は芸術と科学の領域に入る。
>
> ★ 私は何も求めないので幸せでいられる。お金も、勲章も、肩書も、名誉も、賞賛も、私には何の意味もない。私に喜びをもたらすものは、共に働いた人々への感謝と、仕事、バイオリン、ヨットだけ。
>
> ★ もし私が物理学者にならなかったら、おそらく音楽家になっていた。私は音楽のようにものを考え、音楽のように白昼夢を見、音楽用語で人生を理解する。私は音楽から人生の喜びを得ている。

> ### コラム　　　　　　時間とは
>
> 我々の直観的なイメージでは、時間は「流れる」と考えている。過去は決して変わることなく、未来は不確定であり、現実は現在の中にある。
>
> 時間の経過は人間の認識の最も基本的な側面を表している。時間の経過は飛んでいる矢や大河の流れに例えられ、私たちを過去から未来へと無情にも連れ去るものと考えられている。
>
> しかし、時間の流れは幻想にすぎず、意識には熱力学的・量子論的な過程が関わっており、これが「連続した瞬間瞬間を生きている」という人間の感覚を生んでいるようである。現代物理学には、時の経過という概念がなく、時間は流れず、単に「存在する」だけである。
>
> アインシュタインが「過去・現在・未来という考え方は幻想にすぎない」と書いたのはよく知られているが、この驚くべき結論は、特殊相対性理論から直接導かれる。この理論によれば、「現在」という瞬間に、絶対かつ普遍的な意味はなく、時間は相対的なものとなる。
>
> つまり二人の観測者が相対運動している場合、一方から見ると他方はまだ未来に存在している。実際に光速で移動している光子（フォトン）においては、時間は完全に静止している。逆に言えば、その光子以外の領域では、永遠の時間が過ぎているということである。
>
> どの瞬間も特別なものであり、現在だけを特別視はできない。客観的にいえば、過去・現在・未来はいずれも等しく現実である。無限の過去から未来永劫まで、すべての存在は時間と3次元空間から構成される4次元のブロックの中に存在している。
>
> 時間変数 t には、過去と未来の区別がない。そして、より根本的な法則を定式化しようとすると、t は消え失せてしまう。また時空の非常に小さなスケールにおいては時間と空間の区別がなくなるとも考えられている。

第12章 太陽電池材料の微細構造

コラム　アインシュタインの人生観－神と徳

★ 私が知りたいのは、神がどうやってこの世界を創造したかということだ。私はあれこれの現象や元素のスペクトルなどに興味はない。私が知りたいのは神の思考であって、その他のことは些細なことである。

★ 人間にとって最も大切な努力は、自分の行動の中に道徳を追求していくことである。行動に現れる道徳だけが、人生に美と品位をもたらす。

★ 文明人の運命は、どれだけ力のある道徳を生み出せるかにかかっている。

★ 本当に価値のあるものは、野望や義務感からではなく、愛と献身から芽生える。

コラム　　　　　今が大切

今の行動が過去を変え、未来を変える

　アインシュタインが特殊相対性理論で、「過去・現在・未来という考え方は幻想にすぎない」といくら主張しても、なかなかそうもいかないのが我々の日常である。

　悪いことがあったとする。それが悪いととらえるかどうかは自分次第である。天の観点からは、実は他の方向がいいよ、と知らせてくれるサインかもしれない。

　例えば失業したとしよう。実はもっと自分を本当に生かせる職業があるのかもしれない。このときこそ自分自身をよく知り、この世で自分のなすべきことを心の底からよく考えてみる。そうすると、失業という悪いできごとが、非常によい転機になる。

　このように現在の自分自身の行動が、一見悪いと思われた過去の出来事をよい出来事に変えてしまう。

　また未来は言うまでもなく現在の行動にかかっている。刻一刻の行動が少しずつ未来を作り上げていく。一気に最終目標に到達するのは難しくても、本当に「千里の道も一歩から」である。エベレストに登るにも、しっかりした装備で綿密な計画をたて、一歩一歩ゆっくり地道にあせらず、しかし着実に上っていくしかない。たった一歩で頂上に着けるわけではない。ヘリコプターを使えば一気にいけるかもしれないが、自力ではなく他力に頼ってしまうと、そこに降ろされたとたん、酸素不足や極寒で楽しむどころか生き抜くことさえままならないであろう。

　エベレストでさえこれほどの重装備が必要なのである。ましてや我々の貴重な人生では、なおさらしっかりした心構えや計画が必要であろう。特に現代は情報洪水で、気をつけないと他人の価値観に洗脳されて、本当に自分のなすべきこと・やりたいことを見失ってしまう恐れがある。

　ただ目標は心の中心に据えながらも、計画に 100%縛られる必要はなく、その場その場での自分の心の奥底からの直感も大切にしていきたいものである。

詳しく知りたい人のための参考図書（年代順）

- 太陽エネルギー工学、浜川圭弘、桑野幸徳 著、培風館 (1994).
- エネルギー変換工学、西川兼康、長谷川修 著、理工学社 (1995).
- アインシュタイン150の言葉、Jerry Mayer, John P. Holms,ディスカヴァー21編集部 (1997).
- エネルギー変換工学、柳父悟、西川尚男 著、東京電機大学出版局 (2004).
- トコトンやさしい核融合エネルギーの本、井上信幸 著、日刊工業新聞社(2005).
- 太陽電池材料、日本セラミックス協会 編、日刊工業新聞社 (2006).
- トコトンやさしい太陽電池の本、産業技術総合研究所 著、日刊工業新聞社 (2007).
- 太陽電池 2008/2009、日経 BP (2008).
- バイオ光化学電池、金子正夫、根本純一 著、工業調査会 (2008).
- 物理学と核融合、菊地満 著、京都大学学術出版会 (2009).
- 太陽電池 2011、日経 BP (2010).
- トコトンやさしい太陽エネルギー発電の本、山﨑耕造 著、日刊工業新聞社 (2010).
- 三次元原子の世界、奥健夫 著、三恵社 (2014).
- エネルギーと環境の科学、山﨑耕造 著、共立出版 (2011).
- プロが教える太陽電池のすべてがわかる本、太和田善久 著、ナツメ社 (2012).
- 固体物性基礎、奥健夫 著、三恵社 (2015).

本文中の図表の引用もしくは改編後引用一覧（本書中の項数）

- トコトンやさしい太陽電池の本：P. 62下、70、71下、72上、84下右、85下、86、87上、90下左、92上、93下、94上、102上
- 太陽電池 2008/2009：P. 62 上、77 右、84、87 下、88、90 上、92 下、94 下、95、107 下、109、110、110
- 太陽エネルギー工学：P. 74、75、76、77左、79、80、85 上、99 下
- エネルギー変換工学 (2004)：P. 82, 136, 170, 171
- バイオ光化学電池：P.16, 17, 20, 193
- エネルギーと環境の科学：P. 28, 163, 167, 194
- トコトンやさしい太陽エネルギー発電の本：P. 66上、162下、168右
- 太陽電池材料：P. 103下、107
- 太陽電池 2011：P. 104, 105, 106
- アトキンス物理化学(上)第8版 (2009)：P. 46
- 物理学と核融合：P. 164下、168左
- プロが教える太陽電池のすべてがわかる本：P. 103
- 日経サイエンス No. 12 (2004)：P. 32
- Sci. Amer. July (2001)：P. 34
- Newton, No.1 (2008)：P. 35

参考図書

- ニュートン別冊 時間の謎 (2001)：P. 40上
- Sci. Amer. January (2008)：P. 60上
- 小長井誠, 応用物理 79, 393 (2010)：P. 102
- 日経マイクロデバイス No. 10 (2008)：P. 106下
- NHK ナノスペース (1992)：P.119
- 日経サイエンス No. 2 (2005)：P. 155
- R. T. Ross et al., J. Appl. Phys. 53, 3813 (1982)：P. 107上右
- H. Yoshida et al., Nat. Photo. 2, 551 (2008)：P. 119
- H. Kosaka et al., Phys. Rev. Lett. 100, 096602 (2008)：P. 143
- N. Yokoshi et al., Phys. Rev. Lett. 103, 046806 (2009)：P. 145, 146
- A. Goto et al., Nat. Commun. 2, 378 (2011)：P. 146
- K. M. Itoh, Solid State Comm. 133, 747 (2005)：P. 148
- K. Takemoto et al., Jpn. J. Appl. Phys. 43, L993 (2004)：P. 149
- P. Neumann et al., Science 320, 1326 (2008)：P. 150
- K. Fujii et al., Phys. Rev. Lett. 105, 250503 (2010)：P. 154
- B. Naranjo, et al., Nature 434, 1115 (2005)：P. 174
- http://ja.wikipedia.org：P. 22, 58, 59, 61下
- NASA HP：P. 2, 37, 表紙、裏表紙
- NEDO 新エネルギー・産業技術総合開発機構 HP：P.58, 64, 71
- 科学技術政策研究所 HP：P.65下
- Panasonic Newsroom HP：P. 93上
- 大同特殊鋼㈱ HP：P. 95
- JAXA宇宙航空研究開発機構 HP：P. 96
- ㈱クリーンベンチャー21 HP：P. 97, 99
- 科学技術動向研究センター HP：P. 134
- NTT コミュニケーション科学基礎研究所 HP：P. 152
- NEC 技術と人の紹介コラム HP：P. 147
- JAEA 日本原子力研究開発機構HP：P. 164
- JST 科学技術振興機構 HP：P. 188
- AIST 産総研 太陽光エネルギー変換グループ HP：P. 191, 192

さくいん

【あ】

アインシュタイン	42
アインシュタイン方程式	41, 156
アーキテクチャー	148
アクセプター	108, 196, 200
アナターゼ	207
アモルファス	114, 124, 181, 204, 207
アモルファス Si	91, 212
アルゴリズム	143
暗電流	72
暗反応	188
イオン温度	172
イオントラップ	140
意識	47, 51, 56, 116
位相	32, 50, 142, 216
一重項	145
インバーター	99
ウィーンの法則	62
宇宙初期温度	39
宇宙太陽光発電	114
宇宙定数	41, 156
宇宙のはじまり	37, 100
ウラン	31, 170
運動エネルギー	29
運動量	32, 49
エキシトン	110
エネルギー	14
エネルギー緩和	104, 106
エネルギー固有値	44
エネルギー資源	14
エネルギー準位	104, 105
エネルギー障壁	134, 210
エネルギー増倍率	164
エネルギー白書	103
エネルギー発生密度	161
エネルギーペイバックタイム	64
エネルギー保存則	17
エネルギー密度	30, 56, 133
エネルギー問題	15
エネルギーレベル	189, 197
エピタキシャル	91
エンタルピー	183

エントロピー	17, 20, 116
オーミック接触	83, 121, 126
オーミック接合	121, 125, 210
重い電子	175
オーロラ	591
音響量子	29
温室効果ガス	22

【か】

ガイア仮説	56
外部量子効率	83, 199, 219, 220
開放系	18, 19
開放電圧	77, 78, 201
界面	183, 205
界面電位	73
界面反応	121
界面ポテンシャル	74
拡散距離	75
拡散係数	124, 179
拡散電位	126
核子	163, 166
核磁気共鳴	140
核スピン	140, 146, 148
核分裂	33, 134, 170
核変換	174
核融合	31, 33, 158
核融合エネルギー	158, 165, 167
核融合反応率	167
核融合反応率係数	167
核融合炉	164, 181
核融合炉材料	165, 181
核融合炉出力	167
確率振幅	169
核力	28
可視光	188, 189, 191
カシミール効果	156
火星探査機	90, 135, 136
化石燃料	16, 21, 59
ガソリン	21
活性化エネルギー	124
価電子帯	70
カーボンアロイ	184
ガモフピーク	167

225

軽いホール	143	クーパー対	26, 148, 181
カルコパイライト	93, 211	クラッド層	118
還元	189, 191	グラビトン	25, 185
換算質量	168	グラファイト	114, 205
換算プランク定数	44	グリッドパリティ	63
慣性核融合	172	クロロフィル	188
間接遷移型半導体	86	クーロン障壁	168, 175, 176
観測問題	45, 46	クーロンの法則	27
感度スペクトル	85	クーロン・ブロッケード	128
ガンマ線	30, 158, 160	クーロン力	110, 161
ガンマ線バースト	31	ゲージ粒子	28
寒冷化	21	欠陥	215
ギガソーラー	66	結合エネルギー	163
記号	12	結合定数	28
疑似粒子	178	結晶格子	179
軌道角運動量	27	結晶粒径	209
ギブスエネルギー	217	ゲート	119, 126, 145, 151
逆型太陽電池	197	ゲル電解質	207
逆フーリエ変換	212	原子	24
逆方向特性	83	原子核崩壊	136
逆飽和電流	72, 97	原子間距離	179
キャビテーション核融合	176	原子配列	181
キャリア	74	原子量	11
キャリア移動	196, 205, 208, 214	原子力	16
キャリア拡散	88	原子力電池	136
キャリア散乱	106	原子炉	31, 66
キャリアドリフト	91	元素	162, 217
キャリア濃度	210, 222	高温超伝導体	181
キャリア輸送	110	交換粒子	28
球状 Si 太陽電池	96, 98, 215	光合成	18, 108, 188, 189
キュービット	141	光子	29, 140, 221
凝集系核融合	173	格子拡散	124
共振器	118	格子振動	111
共鳴	167, 168	格子整合	91
共鳴トンネル接合	107	格子像	184, 211
局在	48	格子定数	110, 209
極性結晶	174	恒星	159, 161
曲線因子	79	公称効率	79
曲率	41	恒常性	19
虚数	142	構造最適化	198
虚数時間	100	光速	26
禁制反射	216	光束密度	75
金属水素化物	174	光電効果	44
金属-半導体界面	205, 210	光電変換界面	196
空間座標	29	光電量子効率	75
空乏層	72, 91, 125	高度文明	20
クォーク	24	光熱ハイブリッド型太陽電池	96

高分解能電子顕微鏡	123, 184	実空間	100
光量子	19, 188	質量欠損	170
枯渇性エネルギー	14, 16	質量公式	163
国際宇宙ステーション	58	自発的対称性の破れ	185
国際単位系	10	自発分極	205
国際電気標準会議	77	シャドウロス	94
国際熱核融合実験炉	164, 173, 180	シャント抵抗	79
心のエネルギー	56	自由エネルギー	18
固体高分子型	194	周期律表	11
固体素子	140, 145	集光型太陽電池	95
固体電解質型	194	重水素	160, 166, 173
古典ビット	141	集積回路	126
コヒーレント	52, 54, 55, 118, 143	重陽子	176
コペンハーゲン解釈	45, 47	重力	25, 27, 35
コンタクト抵抗	119, 121	重力子	185
コンプトン波長	28	重力相互作用	29

【さ】

		重力閉じ込め核融合	159
再結合	83, 108	重力場	137
再結合損失	84	重力場方程式	38
最高占有分子軌道	108	自由励起子	111
再生可能エネルギー	14, 15, 60	シュレーディンガー方程式	45
最大出力点	78	照射強度	80, 83
最大出力電圧	78	小数キャリア	75, 95
最大出力電流	78	焦電核融合	174
最低非占有分子軌道	108	常伝導コイル	181
砂漠	58	障壁	45
酸化	189	情報	54, 155, 55
酸化チタン	111, 191	初期条件	100
産業革命	22	ジョセフソン効果	147
三重項	145	ジョセフソン接合	146
三重水素	165	ショットキー接合	125
シェラーの式	204	ショットキー接触	126
時間順序保護仮説	137	ショットキー障壁	73, 125
時間の矢	116	シリコン	74, 81, 91, 98, 212, 215
時間変数	221	ジルコニウム	183
時間旅行	137	真空	32
色素増感太陽電池	111, 192, 207	真空のエネルギー	156
磁気モーメント	146	人工光合成	190
時空間	48	人工太陽	168
時間軸	29	真性半導体	91
σ 共役	212	振幅	32
資源循環型社会	191	水素	31, 191
自己組織配列	132	水素吸蔵	133, 177
仕事関数	120, 125, 126, 210	スクリーン印刷	93
自然エネルギー	65	スケーラビリティ	145
磁束ピンニング	181	ストークスベクトル	143
磁束量子	146	スピン	27, 151

スピン角運動量	25	単一光子	142, 149, 150
スピンコート	203, 206, 218	単一電子トランジスタ	127
スピン量子数	25	単結晶	216
スペクトル感度	76	炭水化物	189
スマートグリッド	65	単接合	90, 93, 105
正孔	71	炭素	19, 181, 202
静止質量	29	炭素系太陽電池	114
正四面体凝縮	177	タンタル酸リチウム	174
生命	18, 19, 56	タンデム	103, 104
正六面体凝縮	178	短絡光電流	76
積層構造	90	地球温暖化	21
ゼーベック効果	134, 135	地球環境	61
セル変換効率	81	チタン	184
ゼロ点エネルギー	33, 156	チタン酸ストロンチウム	191
遷移領域	74	チャネル	126
全体性	48	中間子	24, 26, 175
相互浸透型	110	中間バンド	104, 105
相対性理論	29, 49	中間複合体	178
相対論的量子論	33	中性子	24, 167, 170, 173
相転移	185	中性子星	30, 41
送電網	65	超音波	176
束縛エネルギー	39, 111	超弦理論	25, 35
ソース	119, 126	超常磁性	131
ソノルミネッセンス	177	超親水性	192
ソーラーグランドプラン	59, 60	超対称性	35
ソーラーシミュレータ	79, 86	超伝導	45
ソーラーパーク	66	超伝導コイル	165, 180
ソーラーファーム	66	超伝導磁束量子干渉計	147
素粒子	24, 35	超伝導磁束量子ビット	146
【た】		超伝導転移温度	180
第一原理分子軌道計算	198, 202	超伝導量子ビット	142
ダイオード	72	超伝導ループ	148
第三世代太陽電池	103	直接遷移型半導体	87
ダイバータ	164	直列抵抗	79, 83
耐放射線性	91	対消滅	33
ダイヤモンド	114, 150, 153, 202, 203	強い力	28
太陽	158, 159, 164, 189	低障壁バリア	120
太陽光スペクトル	62	デカップリング	151
太陽光発電	67	テクスチャ構造	81, 88, 95
太陽電池	58, 74	デコヒーレンス	47, 151, 154
太陽風	159	デザーテック	59
タウツプロット	210	デバイシェラーリング	113, 184, 208, 211
ダークエネルギー	40, 68, 115, 156	電圧因子損失	84
ダークマター	35, 41	電界効果トランジスタ	126
多重量子井戸レーザー	118	電荷移動	108, 197, 199, 201
多世界解釈	44, 47	電界放出機構	122
多接合太陽電池	90	電荷分離	108, 199

228

電子	24	波と粒子の二重性	44
電子移動度	196	ニオブ酸リチウム	153
電子雲	24	二酸化炭素濃度	22
電子回折	210, 211, 215	日射量	63
電子回折パターン	113, 199, 201, 207	ニュートリノ	25, 158, 160
電子顕微鏡	181	二量体	197
電子親和力	73, 125	人間原理	68
電子スピン	145, 148	ネゲントロピー	18
電子取り出し効率	83	熱核融合	173, 175
電子輸送	201	熱活性化トンネル	179
電磁力	27, 28	熱電界放出機構	123
電子励起	111	熱伝導率	182, 183
電析	209	熱電変換	134
テンソル	38, 41	熱平衡	25
伝導帯	70	熱力学	16, 116
天然ガス	21	熱力学的限界	103
電離	158	燃料電池	193, 194
電流注入	151	ノイマン型コンピュータ	140

【は】

電流電圧特性	80	バイオ燃料電池	193
等価回路	79	バイオ光化学電池	192
透過型太陽電池	91	バイオマス	16, 20, 192
透過型電子顕微鏡	124	ハイゼンベルグ	32
透過率	168	パウリの排他原理	25
銅酸化物	208	薄膜太陽電池	91
動的平衡	19	波長	76
特異点	100	バックコンタクト	94
特殊相対性理論	42, 160, 222	発光	70
ドナー	108, 196, 200	発光ダイオード	118
ドーピング	70, 120, 216, 219, 220	パッシベーション	88, 95
ド・ブロイ	45, 53, 169	発電コスト	102
トラップ準位	208	発電モジュール	96
トリチウム	165, 166, 167, 175	波動関数	32, 45, 53, 100, 110
ドリフト移動	196	場の方程式	41
トリプルアルファ反応	163	パラジウム	177
ドレイン	119, 126	バリアメタル	123
トンネル効果	45, 100, 130, 205, 210	バルク抵抗	83
トンネル接触	107	バルクヘテロ接合	109, 200, 203, 212

【な】

内部エネルギー	17	パワー半導体	99
内部電界	71, 73, 74	反射防止膜	88, 98, 215
内部量子効率	83, 199, 219	反重力	34, 41, 137, 156
ナノ構造	104, 129, 196	反水素	31, 33
ナノダイヤモンド	205	反世界	34
ナノチューブ	132, 194	半値幅	202
ナノ粒子	203, 206	半導体	70, 73
ナノワイヤ	131, 132, 210	半導体レーザー	118
ナフタロシアニン	198	バンド間遷移	111

229

バンドギャップ	70, 85, 86	フタロシアニン	197, 198, 203, 206
バンド伝導	205	物質波	169
反応確率	167	物理定数	11
反応断面積	167, 168, 169	負の圧力	41, 156, 137
反光	34	負のエネルギー	32, 137
反物質	29, 32, 33	負のエントロピー	18
万有引力	27	普遍エントロピー限界	55
反粒子	29, 32	プラズマ	156, 158, 165, 167, 168, 171
光	186, 216	プラズマ振動	159
光化学反応	189	プラズマ対向材料	180, 181
光感度スペクトル	76	プラズマ閉じ込め時間	171
光起電力効果	73	ブラックホール	30, 41, 137, 155
光機能デバイス	70	フラットバンド電圧	126
光吸収	70	フラーレン	132, 152, 198
光吸収係数	77, 86, 92	プランク時間	26
光触媒	191	プランク定数	27, 44
光生成キャリア	73	プランク長さ	27, 137
光閉じ込め効率	95	ブランケット	164, 167
光の凍結	34	フーリエ変換	132, 212
光の波長	29	フリードマン方程式	38
光の物質化	30	フレキシブル	108
非局在化	212	フレンケル励起子	111
非局在性	48	ブロッホ球	142
微結晶	216	プロトン	188, 190
非対称性	116	分極	73
ヒッグス粒子	185	分光放射強度	87
ビッグバン	37, 39, 68, 137, 160, 163	分散型量子コンピュータ	148
非ノイマン型	140	分子軌道計算	134
非平衡	19, 140	分子スピン	143
標準模型	24	分子動力学法	134
標準理論	185	フント則	143
表面再結合	75, 88	平衡系	19
表面反射率	216	閉鎖系	17, 19
ピンニング	205	並列コンピュータ	156
フェルスター共鳴	200	並列抵抗	79, 83
フェルミエネルギー	125, 169	ベータ線	170, 173
フェルミ凝縮	53	ベータ崩壊	28, 39
フェルミ準位	71, 91	ヘテロ接合	73, 109
フェルミ・ディラック統計	25	ヘリウム	39, 160
フェルミ粒子	25, 52	ベルの定理	48
フォトン	29, 70, 88, 221	ヘルムホルツ層	73
フォノン	26, 29, 86, 104, 106, 107	ペロブスカイト	112, 217
フォールトトレラント	154	変換効率	77, 102
不確定性原理	32, 44, 116	偏光	142
不完全性定理	138	ポアンカレ球	142
複合材料	182	崩壊時定数	169
複素数	141	放射化	173, 182

放射照度	79	四次元時空	29
放射性同位体	136	弱い力	28
放射性物質	165	**【ら】**	
飽和電流密度	82	ライデンフロスト効果	33
ボース・アインシュタイン凝縮体	34, 52	ラザフォード後方散乱	124
ボース・アインシュタイン統計	25	ラジカル	177
ボース粒子	25, 52	ランジュバン方程式	178
ホットキャリア	103, 104, 107	リーク電流	79, 83
ホッピング	179, 196, 205	理想ダイオード因子	72
ポテンシャル	28, 166, 178	リソグラフィー	132
ポテンシャル障壁	148	リチウム	166
ホメオスタシス	19	裏面接合型太陽電池	94
ポリシラン	212	粒界	124
ホール	70	粒界拡散	124
ホール移動度	196, 212	量子	44
ホール輸送	113, 196	量子暗号	153
ホールブロック	200	量子井戸	118
ポルフィリン	188, 190, 200, 206	量子エンタングルメント	44, 48, 142, 143
ホログラフィック限界	55	量子回路	152
ホログラフィック原理	54	量子計算	154
ホログラム	35, 54, 55	量子ゲート	152, 154
【ま】		量子効率	83
マイクロ波	115, 148, 151	量子コヒーレンス	50
マイナスのエネルギー	32	量子コンピュータ	50, 140
マルチエキシトン	83, 104, 106	量子サイズ効果	127
マルチバンド	105	量子重力理論	25
ミニバンド	105	量子状態	25, 38, 46
ミューオン	137	量子情報	36, 50
ミューオン触媒核融合	175	量子対	49
ミュー粒子	25	量子通信	148
無反射コーティング	81	量子テレポーテーション	45, 49
明反応	188	量子閉じ込め効果	127
メガソーラー	66, 102	量子ドット	127, 144, 149
モット‐ワニエ励起子	110	量子ドット型太陽電池	104, 202
【や】		量子トンネル効果	100, 148, 169
唯物論	138	量子ビット	140, 141
有機系太陽電池	196	量子もつれ	45
有機・無機ハイブリッド	202	理論限界効率	85
誘導放射	118	理論変換効率	81, 84
誘導放出	118	臨界エネルギー	168
ユニタリ変換	142, 152	臨界プラズマ条件	171
ユニポーラトランジスタ	126	リン酸型燃料電池	194
ゆらぎ	33	ルチル	208
陽子	24	励起	190
陽子ー陽子連鎖反応	161	励起子	104, 108, 110, 148
ヨウ素	112, 191, 208	励起子拡散	200
陽電子	29, 30, 33, 160	励起子軌道半径	111

レーザー ………… 34, 52, 54, 55, 118, 172	
レーザー核融合 ……………………… 172	
レプトン ………………………………… 25	
連鎖反応 ………………………………… 170	
ローソン条件 ………………… 171, 172	

【わ】

ワイドバンドギャップ ………… 92, 99, 129
ワニエ励起子 …………………………… 110
ワームホール ……………………………… 137

英字牽引

AM ………………………………… 62, 86	GaAs ……………………………… 121, 146
α 粒子 ………………………………… 175	GaN ……………………………………… 119
barn …………………………………… 169	Ge ナノ粒子 …………………… 128, 206
bcc …………………………………… 174	hcp ……………………………………… 174
Bi 系超伝導酸化物 …………………… 181	HIT 太陽電池 ……………………………… 92
BN ナノ物質 ………………………… 129	HOMO …………… 108, 196, 200, 203
BN ナノカプセル ……………………… 129	i 型半導体 ………………………………… 91
BSF ……………………………… 81, 95	ITER …………………… 164, 173, 180
C$_{60}$ …………………………… 202, 211	LD ……………………………………… 118
CH$_3$NH$_3$PbI$_3$ ……………… 113, 217	LED …………………………………… 118
C-bit ………………………………… 141	LUMO …………… 108, 196, 200, 203
C/C コンポジット ……………………… 182	MS 接合 ……………………………… 125
CuO …………………………………… 209	n 型半導体 ……………………… 71, 73
Cu$_2$O …………………………………… 209	NEDO ………………………………… 63
CdTe 太陽電池 ………………………… 93	NMR ………………………………… 140
CIGS 太陽電池 ………………………… 93	NV 中心 ……………………… 150, 153
CIS ……………………………… 93, 211	OSC …………………………………… 178
CNO サイクル ………………………… 161	p 型半導体 ……………………………… 71
CO$_2$ ………………………… 21, 188	P3HT …………………………………… 196
CO$_2$排出原単位 ……………………… 65	PCBM ………………………………… 196
CP 対称性 ………………………………… 36	Pd ……………………………………… 177
Cu 配線 ……………………………… 123	PDPS ………………………………… 212
CuPc ………………………………… 206	PEDOT:PSS ………………………… 201
CuInS$_2$ ……………………………… 211	pn 接合 ……………… 71, 72, 75, 98
DD 反応 ………………………… 165, 171	pp 反応 ……………………………… 158
DSSC ………………………… 111, 207	PV2030+ ……………………………… 64
DT 反応 ………………………… 165, 171	qubit ………………………………… 141
EDX …………………………………… 184	RBS …………………………………… 124
EDS …………………………………… 218	SET …………………………………… 127
EPR …………………………………… 49	Si ……………………………… 74, 81, 148
fcc …………………………………… 174	SiC ……………………………………… 99
FET ……………………………… 100, 126	SI 単位系 ………………………………… 10
FTO ………………… 98, 113, 216, 218	SiGe ………………………………… 136
FF ……………………………… 79, 82	SnO$_2$ ……………………………… 98, 216
	SQUID ………………………………… 147
	TaN …………………………………… 124
	Ti ……………………………………… 183
	TiO$_2$ ………… 113, 111, 191, 207, 211, 218
	TSC …………………………………… 177
	ULSI ……………………………… 123, 132
	VLSI ………………………………… 121
	W$_2$N …………………………………… 124
	X 線回折 ……… 204, 207, 210, 213, 215, 219
	Z 機構 ………………………… 190, 191
	ZnO …………………………………… 209
	ZnTPP ………………………… 200, 206

著者紹介

奥　健夫　（おく　たけお）

滋賀県立大学工学部材料科学科・教授。東北大学大学院原子核工学専攻修了（工学博士）後、京都大学大学院材料工学専攻・助手、スウェーデン・ルンド大学国立高分解能電子顕微鏡センター・博士研究員、大阪大学産業科学研究所・助教授、英国ケンブリッジ大学キャベンディッシュ研究所・客員研究員など。著書に『これならわかる電子顕微鏡』（化学同人）、『動かして実感できる三次元原子の世界』（工業調査会）、『成功法則は科学的に証明できるのか？』（総合法令出版）、『夢をかなえる人生と時間の法則』（PHP研究所）、『固体物性基礎』『エネルギー科学』『光量子物性概論』『三次元原子の世界』（三恵社）、『Structure Analysis of Advanced Nanomaterials』（Walter De Gruyter）、訳書に『時間の波に乗る19の法則（アラン・ラーキン著）』（サンマーク出版）、監修に『こころの癒し』（出帆新社）他。

光エネルギー科学

2016年 4月5日　　初版発行

著　者　　奥　　健夫

定価（本体価格2,200円＋税）

発行所　　株式会社　三恵社
〒462-0056　愛知県名古屋市北区中丸町2-24-1
TEL 052 (915) 5211
FAX 052 (915) 5019
URL http://www.sankeisha.com

乱丁・落丁の場合はお取替えいたします。
ISBN978-4-86487-515-8 C3042 ¥2200E

Printed in Japan ©Takeo Oku 2016.
無断転載・複製を禁ず